U0285072

边坡支护智慧建造与监测
——基于新型预制拼装混凝土格构锚固技术

张爱军　向　玮　李爱国　著

人民交通出版社股份有限公司

北　京

内 容 提 要

本书以新型预制拼装混凝土格构锚固为研究对象,采用数值模拟、理论分析计算、现场试验与验证的方法,研究新型预制拼装混凝土格构锚固的工作性状,优化其结构,形成系统的新型预制拼装混凝土格构锚固的设计、制造和安装施工技术体系以及边坡智慧监测技术体系。

本书可供相关设计单位和施工单位在建设工程中使用,也可供高等院校、研究机构的相关专业技术人员参考使用。

图书在版编目(CIP)数据

边坡支护智慧建造与监测 : 基于新型预制拼装混凝
土格构锚固技术 / 张爱军, 向玮, 李爱国著. —北京 :
人民交通出版社股份有限公司,2022.2
ISBN 978-7-114-17572-5

Ⅰ. ①边… Ⅱ. ①张… ②向… ③李… Ⅲ. ①预应力
混凝土结构−锚固 Ⅳ. ①TV223.3

中国版本图书馆 CIP 数据核字(2021)第 162308 号

Bianpo Zhihu Zhihui Jianzao yu Jiance——Jiyu Xinxing Yuzhi Pinzhuang Hunningtu Gegou Maogu Jishu

书　　　名：	边坡支护智慧建造与监测——基于新型预制拼装混凝土格构锚固技术
著 作 者：	张爱军　向　玮　李爱国
责任编辑：	朱明周
责任校对：	孙国靖　卢　弦
责任印制：	刘高彤
出版发行：	人民交通出版社股份有限公司
地　　　址：	(100011)北京市朝阳区安定门外外馆斜街 3 号
网　　　址：	http://www.ccpcl.com.cn
销售电话：	(010)59757973
总 经 销：	人民交通出版社股份有限公司发行部
经　　　销：	各地新华书店
印　　　刷：	北京交通印务有限公司
开　　　本：	787×1092　1/16
印　　　张：	11.25
字　　　数：	271 千
版　　　次：	2022 年 2 月　第 1 版
印　　　次：	2022 年 2 月　第 1 次印刷
书　　　号：	ISBN 978-7-114-17572-5
定　　　价：	80.00 元

(有印刷、装订质量问题的图书由本公司负责调换)

序　言

　　国家第十四个五年规划和二〇三五年远景目标要求推动智能建造与建筑工业化协同发展,推广装配式等新型建造方式,加快发展"中国智造"。装配式建造和智慧建造是未来建设的发展趋势和热点。在"互联网+"时代,随着建筑施工行业对信息化建设的探索不断深入,越来越多的信息化技术集成应用改变了传统的建造方式,使得工程建造更加智慧化。智慧建造是建立在高度信息化、工业化和社会化基础上的一种信息融合、全面物联、协同运作、激励创新的工作模式,是装配化、BIM(建筑信息模型)、物联网、大数据等信息技术和先进建造手段的有机融合,顺应时代和社会的发展需求,体现了建筑业的创新变革。

　　大规模城市基础设施建设中,形成了大量的人工边坡,为了保证边坡稳定及周围环境的安全,必须对边坡采取防护措施,锚杆(索)格构梁是深圳地区最常见、最主要的边坡防护措施之一。2016 年以来,在智慧建造和新基建的大背景下,张爱军博士研究团队提出了一种新颖的装配式边坡加固技术——新型预制拼装混凝土格构锚固技术,克服传统的现浇锚杆(索)格构梁的诸多弊端,又保证了格构锚固系统的整体性,具有装配式结构施工的优点,可结合数字化技术实现全流程建造,是一种新型智慧建造技术。

　　《边坡支护智慧建造与监测——基于新型预制拼装混凝土格构锚固技术》是对新型预制拼装混凝土格构锚固这一新技术的首次系统阐述和总结。在书中,作者采用数值模拟、理论分析计算、现场试验与验证的方法,研究新型预制拼装混凝土格构的工作性状,优化其结构,形成系统的新型预制拼装混凝土格构锚固的设计、制造、安装、施工、智慧监测技术体系,并详细介绍了边坡智慧监测平台的建设。

相信该书的出版有助于新型预制拼装混凝土格构锚固技术的推广与应用，推动边坡治理与智慧监测技术进步。

欧洲科学院自然科学学部院士

俄罗斯自然科学院院士

2021 年 12 月 9 日于番禺大学城

前　　言

新型预制拼装混凝土格构锚固是一种结构新颖的装配式边坡加固技术,既保证了格构锚固系统的整体性,又具有装配式结构施工的优点,可结合数字化技术实现全流程建造,是一种新型智慧建造技术。

本书以新型预制拼装混凝土格构锚固为研究对象,采用数值模拟、理论分析计算以及现场试验与验证的方法,研究新型预制拼装混凝土格构锚固的工作性状,优化其结构,形成系统的新型预制拼装混凝土格构锚固设计、制造、安装施工、边坡智慧监测技术体系。

全书共6章,其中:第1章介绍混凝土格构锚固技术的研究现状、研究方法及最新发展情况,提出新型预制拼装混凝土格构锚固技术,说明其基本结构形式、构造、作用、特点和适用条件,由张爱军和李爱国撰写;第2章介绍新型预制拼装混凝土格构锚固技术的设计方法、验算方法、构造要求、受力分析、工作性状,由张爱军撰写;第3章介绍新型预制拼装混凝土格构锚固技术的施工工艺,由向玮撰写;第4章介绍新型预制拼装混凝土格构锚固技术的施工质量控制方法,由张爱军和丁无忌撰写;第5章介绍边坡智慧监测平台的建设情况,对边坡智慧监测平台建设、监测系统、数据传输系统、查询与统计系统、平台维护及管理等进行了详细的说明,由张爱军和丁无忌撰写;第6章介绍新型预制拼装混凝土格构锚固技术的典型工程应用案例,由张爱军和雷有坤撰写。福州大学胡昌斌教授、赵秋教授,河海大学张坤勇教授,山东水总有限公司苗元亮教授级高级工程师,江辉高级工程师,傅贤强高级工程师,参加了本书的部分工作。全书由张爱军统稿和审定。

本书基于作者多年的研究和工作成果撰写而成。特别感谢国家重点研发计划"城市地面基础设施群运行保障关键技术研究与应用示范"、广东省重点领域研发计划项目"基于5G+AIoT的数字孪生路桥智慧管养关键技术研发与示范应用"、深圳市科技计划项目"（重20170324）基于岩土边坡渐进破坏机理的高性能离散元仿真分析软件关键技术研发"对此项目的支持。感谢业内专家高伟教授级高级工程师、翁开翔高级工程师、刘浩高级工程师、赵夕朝高级工程师、付凤刚高级工程师、王杰高级工程师、文欣高级工程师等在现场实施环节给予的大力支持。

新型预制拼装混凝土格构锚固是一种多学科交叉的边坡治理新技术，本书研究成果只是其中一颗铺路石子。由于作者的水平有限，书中难免存在不足之处，热忱欢迎广大读者批评指正。

作者

2021 年 12 月

目　　录

第1章

绪　　论

1.1　研究背景

随着粤港澳大湾区的建设,珠三角区域将形成以国际航运物流中心为国际枢纽,将连通内陆的"多向通道网"、联系海外的"海空航线网"和大湾区"快速公交网"连为一体,形成内联外通、综合立体、开放融合的综合交通运输网络,环珠江口城镇密集地区基础设施的统筹对接、核心城市基础设施的联通强化、能源电力与供水保障工程等一大批湾区城市基础设施建设项目即将开动。在城市建设、公路、高铁、水运、电力等各领域的建设工程中,将大量遇到场地平整、山体开挖等情况,需要对周边山体进行切削,而切削作业会破坏原有的平衡。为了保证边坡及其环境的安全,必须对边坡采取支护、加固和防护措施。边坡锚杆(索)格构加固技术具有布置灵活、格构形式多样、截面调整方便、与坡面密贴、可随坡就势等显著优点,是边坡加固中常用的一种方法。

采用锚杆(索)格构锚固加固边坡时,混凝土格构锚固通常采用现场浇筑的方式,其缺点是:①边坡挖槽、模板加工、钢筋绑扎、混凝土浇筑、养护等工序较多,施工过程整体机械化程度低,导致施工周期长;②现场浇筑工序较多,影响因素多,使得现浇混凝土格构锚固的质量得不到保障,影响边坡加固效果;③费工费时,现场需大量人工、劳动强度高,繁杂的工序及现浇混凝土结构的养护和质检决定了需要较长工期;④浪费资源、环境污染,模板周转率低,现场浇筑常常由于支模质量欠佳而发生混凝土外流,产生大量建筑垃圾。

针对传统现浇格构锚固工艺存在的诸多弊端,本课题基于格构锚固技术防护边坡机理和装配式建筑的优点,提出了一种新型的预制拼装混凝土格构锚固技术,该工法采用工厂工业化生产、现场直接拼装,具有现场施工湿作业少、施工周期短、构件质量有保证、经济环保等优点,具有良好的工程推广前景。但目前该技术仍处于"实践先行、理论滞后"的阶段,因此本课题将深入研究新型预制拼装格构锚固技术的受力机理,优化其结构,形成系统的设计计算方法和施工工艺指南,并将其应用于具体工程实践中。

1.2　格构锚固技术的研究现状

格构锚固技术的原理为将锚杆打入边坡深层稳定岩层中,采用机械方式或灌浆将锚固段固定,自由端锚杆与坡面上的格构梁连接,将锚固力传递到横竖梁,从而限制坡体的位移。格构梁一方面起到限制坡体位移的作用,另一方面将边坡上各个锚杆联系到一起,使边坡整体性更好。

格构锚固卓越的滑坡防治性能源于框格护坡与锚杆支护两种滑坡防治技术的有机结合。岩土锚固技术在围岩硐室工程、交通工程、水利工程和建筑基础工程中应用已久,研究较为深入,而针对格构抗滑作用的研究则刚刚起步。

1.2.1 锚固技术的研究现状

1.2.1.1 荷载传递机理研究

锚杆灌浆后形成复合受力体,锚杆杆体与灌浆体、灌浆体与岩土体之间均存在相互作用。拉拔试验揭示,在锚头对锚杆施加拉拔荷载时,锚杆会对其周围的灌浆体产生剪切作用,随着拉拔荷载的增大,剪切作用会逐渐传递到岩土体中,即锚固系统中荷载的传递路线为:锚杆杆体→灌浆体→岩土体。

锚杆杆体与灌浆体的相互作用研究取得了很大进展。Lutz 和 Gergeley 测试了不同界面性质条件下二者的相对滑动和灌浆体开裂的情况,讨论了锚杆的变形、滑动机理及灌浆体的应力和变形;Hanson 测试了无锈、部分生锈、全锈等工况下锚杆的黏结转化长度及极限抗弯强度的变化;Philips 提出锚杆体与浆体的结合应力沿锚固长度呈负指数函数分布,较好地反映了岩石锚杆荷载从锚杆(索)转移到灌浆体的力学特性;Goton 制作了中心配筋的混凝土试样,采用红墨水标注的方法,观测到了拉伸试件内的裂缝状态,揭示了钢筋与混凝土之间咬合作用的传力机理,对认识黏结锚固的本质起了重要作用。以上研究表明,锚杆和灌浆体之间的作用包括黏结力和摩擦力,受力初期其结合力发挥作用,当锚杆和灌浆体之间的结合破坏、锚杆和浆体发生相对位移之后,摩擦阻力开始发挥主要作用。这说明,如果锚杆杆体本身的强度很高且其表面的粗糙度很高,研究的重点不是灌浆体和锚杆杆体界面的性质,而是灌浆体自身的性质以及灌浆体与岩土体界面的性质。

灌浆体与岩土体之间的作用表现为摩擦作用,其机理十分复杂。20 世纪 70 年代开始,许多学者对灌浆体与岩土体之间的荷载传递机理开展了深入研究。Evangelista 和 Ostermayer 分别测试了黏性土和粒状土中的锚杆灌浆体表面摩擦阻力沿锚固长度的分布;Farmer 提出锚固段的剪应力分布很不均匀,剪应力集中在前端且会达到峰值,然后逐渐向末端减小并最终趋近于零的结论;Freeman 通过隧道锚杆模型试验,最早提出了"中性点"的概念,他认为在中性点处砂浆界面的剪应力为零,而轴力达到峰值,由锚杆近端(锚头位置)至中性点为自由段,该部分的剪应力由岩土体施加,其方向指向锚头方向,中性点至锚杆远端为锚固段,此段锚杆嵌入稳定岩土体中。在研究锚杆(索)锚固力发展规律的基础上,提出了"临界锚固长度"的概念,Ostermayer 通过对不同锚固长度的锚杆进行现场测试,发现锚固力的增加与锚固长度的增长不成线性比例,而且锚固长度越大,锚固力的增幅越小,并认为致密砂层中的最大锚固力亦产生在很短的锚固长度范围内;Fujita 认为锚固段存在临界长度,当锚固段超过该长度时,锚固力随锚固长度的增加增长缓慢;程良奎等研究发现,适当增加锚固长度可增大锚杆抗拔力,但当锚固体长度超过 10m 后,单位面积的抗拔力的增长将明显下降。国内外学者 Phillips、Hanna、张季如、肖世国、张端良等研究了锚索锚固段剪应力沿长度的分布模式,提出了剪应力沿锚固段轴向的分布曲线及函数模型。

1.2.1.2 锚固机理研究

一些学者以加固体(岩土体)为主要研究对象,研究了锚杆(索)对加固体(岩土体)所产生的力学效应,开展了锚固系统的加固机理研究。源于早期锚固技术在岩石工程中的大量应用,逐渐形成了悬吊理论、组合梁理论、组合拱理论、销钉理论等岩土锚固理论(图 1-1)。

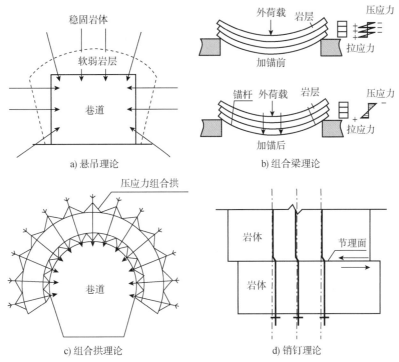

图 1-1　岩土锚固机理示意图

以上锚固机理的研究均针对岩石工程,属支撑领域的范畴。随着锚固工程应用于滑坡防治工程,锚固理论以及锚固效应的研究不断深入,锚固机理也有了新的发展,形成了针对滑坡防治的锚固机理。

1)强度强化机理

通过试验测试和理论分析发现,采用锚杆支护,可增强节理密集岩土体、松散岩土体的完整性,合理的锚杆支护可以有效地改善滑坡岩土体的应力状态和应力应变特性,提高软弱土体的强度,改善弹性模量、岩体峰值强度、残余强度等力学参数。

2)横向抗剪切效应

对滑坡治理锚固工程而言,滑面与锚杆的夹角使得锚杆的横向抗剪切效应显著。国外学者在销钉理论的基础上,开展了针对锚杆加固的节理岩块的剪切试验研究,认为当岩土体有垂直于锚杆轴向方向的滑移趋势时,锚杆的横向阻抗作用抑制了岩土体的位移,同时锚杆的止裂增韧作用使岩土体的开裂破坏得到有效的控制,锚杆自身强度、锚杆和剪切面(节理面、滑面)之间的夹角等决定了锚杆的加固性能。

3)群锚作用机理

群锚中锚杆的作用与单根孤立的锚杆有所不同,通过群锚传递的拉应力会在岩土体中产生叠加、互相干涉,因此学者多将群锚视为一个系统来研究其抗滑作用。黄福德对李家峡水电站层状岩质高边坡开展了现场大型预应力群锚加固试验,认为由群锚产生的岩体表层压应力场相当于岩体的新围压,可达到压密岩体、提高力学性能等动态效应和加固效果,由于相对于高边坡岩体而言,这种不均匀分布的压应力区厚度很薄,其性质不同于真正的均匀分布的围压,故定名为"岩壳效应"。实际上,"岩壳效应"类似于地下工程加锚后形成承载拱的作用。张发明等根据大量实测结果分析,提出预应力锚索加固高边坡工程存在"群锚加固第一效应——岩体表层的压缩效应"和"第二效应——锚固端应力集中效应"的概念。朱杰兵等认为,施加预应力后在预应力锚索作用点周边形成锥形受压区,群锚使得压应力区相互重叠连接成片,形成"岩石承载墙",可使表层岩体完整性增强。

1.2.1.3 锚杆(索)设计计算方法

20世纪70年代,Hanna研究了岩土锚固的破坏形式,将其归纳为锚杆(索)断裂、预应力松弛及荷载高于设计荷载共3种破坏形式,并指出锚杆(索)断裂与插入锚孔前或使用中的机械损害以及锚杆(索)腐蚀有关,锚杆(索)的屈服、地基的固结、过高估计锚杆的工作荷载、荷载在群锚中的重分布、锚杆(索)的一根或多根钢丝或钢束断裂等因素均可能导致预应力松弛,而荷载超过设计荷载的情况一般与群锚中的荷载重分布有关。Li通过拉拔试验指出,当全长注浆锚杆受拉力作用时,破坏最终在锚杆与灌浆体之间或者灌浆体与岩体之间的薄弱面上产生。Cook的研究表明,锚杆有杆体断裂、岩土基体锥形破坏、黏结破坏和锥体-黏结复合破坏共4种失效模式。尤春安等认为锚固体的失效有锚杆杆体断裂、锚杆杆体与灌浆体滑脱、灌浆体与岩土体界面滑脱、岩土体破坏共4种主要形式。

对于滑坡锚固工程而言,由于滑面的剪切作用使得其加固机理不同,其失效模式也相应发生了变化。内锚固段深入滑面以下稳固岩土体,在坡面设置锚墩形成外锚固段,锚杆受拉阻止了滑体下滑。在边坡工程中,锚固结构的受力更为复杂,其破坏形式也有所不同。唐树名等将边坡锚固的失效模式分为5类,包括:锚索(杆)断裂破坏;锚索与注浆体的结合面破坏;注浆体与岩(土)体之间的结合面破坏;被加固岩土体发生破坏时的最危险滑移面可能向更深层的岩土体转移;外锚头的破坏。杨磊针对钢锚管锚固体系的破坏进行了研究,认为主要破坏模式包括钢锚管被拔出、钢锚管锚固体被拔出、岩土体成锥形被拔出、钢锚管腐蚀断裂、沿滑动面剪切断裂、产生新的失稳体共6种(图1-2)。郑静将边坡锚索结构的锚头的破坏形式细分为锚头下垂、锚头下陷及锚头处松动共3种。罗强等认为锚固体系的失效包括黏结破坏、锚固件拉断或剪切破坏、锚空失效等,从而影响岩土结构的稳定,使工程安全受到威胁。

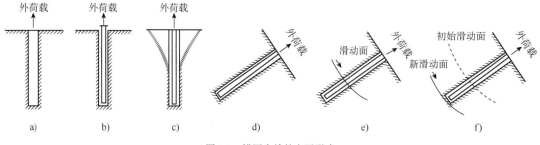

图1-2 锚固失效的主要形式

由于锚杆杆体的强度可通过试验测试精确计算,且折减系数较高,实际滑坡锚固工程中锚杆的失效更多的是由锚固力不足导致的破坏。因此,国内外规范中均提出了防腐要求,防治因腐蚀造成锚杆(索)失效。锚杆(索)的设计中一般假设剪应力沿锚固段全长均匀分布,通过校核锚杆与灌浆体的握裹力、灌浆体与岩土体的黏结力来确定锚固参数。

1.2.2 格构锚固技术的研究现状

格构锚固在锚固的基础上,在坡面增设了钢筋混凝土梁(即格构),锚杆锚固段深入滑床并锚固于稳定岩土体,另一端则与格构在节点位置连接,从而使格构与锚杆形成复合抗滑体系。格构锚固按锚固形式可分为预应力格构锚固及非预应力格构锚固,按格构的外观可分为矩形、菱形、拱形及人字形等多种(图1-3)。格构锚固技术是一种新型滑坡防治措施,研究最深入、应用最广泛是矩形格构,岩土工作者对其加固作用、受力变形特性及设计理论等方面进行了深入的研究。

图 1-3 格构锚固的主要形式

1.2.2.1 格构的加固作用

在坡面增设格构实现了比单纯锚杆(索)支护工程更好的加固效果,一些学者对格构的加固作用开展了研究。王小军认为格构对岩土体产生了框箍作用。丁秀美等通过数值计算,认为在格构锚固中,锚固力通过框架梁作用到土体,在土体中产生附加应力,且附加应力不仅在框架梁受荷面积的位置下产生,格构锚固的应力扩散范围大于单根地梁。许英姿等进行的有限元模拟结果表明:格构锚固结构中格构起到传力作用,在格构锚固结构的作用下,滑坡体内部受到较均匀的压应力,土体强度有所提高。周勇等认为格构锚固中,锚杆在一定的锚固区域内形成压应力带,通过框架挡墙及挡土板形成压力面,从根本上改善土体力学性能,有效控制了土体位移。祝启坤等对非预应力全长黏结格构锚固进行了分析,提出由于应力扩散,可在非稳定主动变形区特别是优势潜在滑面附近形成"双向挤密效应"。言志信研究了格构梁内设挡土板的情形,认为可将挡土板视作双向板,在格构锚固中,格构梁承受来自坡面的三角形分布荷载,长跨方向则承受梯形分布荷载。以上研究结果显示,格构梁使得锚固力的分布更均匀,改变了岩土体的受力状态,从而提高了岩土体的承载能力。

1.2.2.2 格构受力变形特性

现有研究中考虑的格构外力作用包括:作用在节点处的锚固力、岩土体作用在格构梁底部且其方向垂直于格构的基底反力以及沿坡面方向的摩擦力。格构梁的受力简化如图1-4所示。对于非预应力格构锚固而言,锚固力和基底反力来源于滑坡变形,而预应力格构锚固的锚固力和基底反力都来源于锚杆(索)的预张拉力。

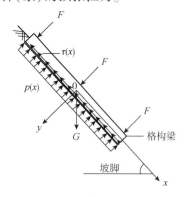

图 1-4　格构受力示意图

F-锚固力;$\tau(x)$-格构梁与岩土界面的摩擦阻力;G-格构梁自重;$p(x)$-坡体对格构梁的基底反力

在格构受力分析中,曾认为锚固力、基底反力是主要作用力,应重点考虑,而格构的自重、坡面与岩土体之间的摩擦力通常可忽略不计。进一步的研究发现,在非预应力工况、岩质边坡等情况下,应考虑摩擦阻力的影响,坡面与岩土体之间的摩擦阻力相对于锚索预应力而言较小,但当格构梁与边坡岩土体产生相对位移时摩擦阻力则不可忽视。实际上,对于半埋、全埋的格构梁而言,还应考虑岩土体对格构底部的支承力。

试验测试是研究格构受力和变形的最佳方式。马迎娟、刘晶晶、杨雪莲通过试验测试,发现格构底部的基底反力是不均匀的,并非线性分布,而是与所加锚索的位置有关。李成芳、向安田等通过桩及挡墙后土压力的分布,推断格构梁后也存在土拱效应;相应的,格构梁的最大正弯矩产生在锚索作用点附近,在相邻两锚索作用点的中间位置会有最大负弯矩产生,且节点处纵、横梁的弯矩值不等。齐明柱、朱大鹏分别通过试验测试给出了节点纵、横梁的弯矩分配系数。

1.2.2.3　格构的设计方法

在格构锚固的设计中,锚杆(索)部分遵循现有锚杆(索)设计方法,在此基础上将格构视作柱下交叉条形基础,引入地基模型进行计算。主要发展了倒梁法、弹性地基梁法以及弹性半无限空间地基梁法三种设计方法。

1)倒梁法(规范推荐)

倒梁法对格构梁进行如下简化:不考虑梁的变形,梁底反力为线性分布,锚杆对梁的作用以垂直力为主,将锚杆作用点视作铰支座。基于上述假设,可将格构梁视作锚杆作用下的超静定连续梁,采用倒梁法计算格构梁的内力。国外的格构锚固设计中,也将格构梁简化为连续梁进行设计。

其基本步骤为:

①将坡面反力视为作用在格构上的荷载,把锚索作用点看作支座,将格构作为倒置的交叉梁格体系来进行计算。

②认为整个格构为刚性,将横梁和竖肋看成相互独立的连续梁,求出梁底最大和最小荷

载,同时假定坡面反力呈均匀直线分布。

③以基底净反力为荷载,将格构梁看作倒置的连续梁,采用弯矩分配法或弯矩系数法计算梁的弯矩和剪力,并求出支座反力。

④由于采用上述方法计算出的支座反力一般不等于支座反力(锚索拉力),需要进行调整,使两者相等,才能满足支座处的静力平衡条件。通过逐次调整来消除不平衡力。首先由支座处荷载和计算所得的支座反力求出不平衡力,其次将各个支座产生的不平衡力均匀分布在相邻两跨各 1/3 跨度范围内。

⑤继续通过弯矩分配法或弯矩系数法计算梁的内力,并重复上述步骤,直到不平衡力在容许范围之内。

⑥将逐次计算的结果叠加,就可以得到最终的弯矩和剪力分布。

2)弹性地基梁法

弹性地基梁法假设土体表面任意一点的压力与该点的变形成正比,将格构梁简化为受集中力作用的弹性地基上的梁,常用模型有 Winkler 弹性地基梁模型和双参数地基模型。柏原公二郎、李德芳、杨明、许英姿等采用 Winkler 弹性地基梁法对格构的内力进行了计算;刘小丽、朱晗迓等同时考虑弹性压缩和剪切影响,引入双参数地基模型计算了格构的内力。

(1)基本假设

在实际中,顶梁和基础的作用较小,因此在格构梁内力计算过程中忽略二者的作用,并引入以下假设(图1-5):

①格构梁为理想的弹性体。

②格构梁结点上作用的锚索力由竖肋和横梁共同承担,锚索力在竖肋和横梁间的分配比例通过结点处挠度相等来确定。

③格构梁下的地基采用 Winkler 地基模型,即格构梁下的地基反力与该点的沉降成正比。

④不考虑竖肋和横梁之间的扭转效应,将竖肋和横梁结点简化为铰接,并假定为锚索作用点。

⑤不考虑格构梁自重的影响,也不考虑格构梁与地基土之间摩擦效应的影响。

⑥不考虑格构梁与地基间相对刚度对地基反力的影响,认为格构梁具有一定的刚柔度,且不考虑临近格构梁地基荷载的传递效应。

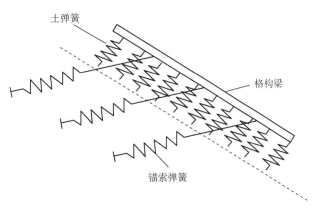

图 1-5　格构锚固力学模型

（2）格构梁锚索力的分配

要将格构的横梁和竖肋拆分成单根梁来进行计算,主要是为了解决节点处锚索力在纵、横两个方向的分配问题。按照土与结构物相互作用的原理,锚索力的分配必须满足以下两个重要条件：

①变形协调条件,即分配后的锚索力对纵、横两个方向的梁引起的变位必须相等。

②静力平衡条件,即分配到纵、横梁上的两个力之和应等于节点上的总锚索力沿垂直坡面方向的分量。

（3）计算方法

将格构拆分成横梁和竖肋分别计算,步骤详见图1-6。

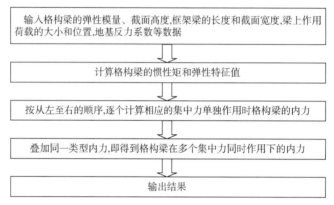

图 1-6　Winkler 地基模型计算步骤

3）弹性半无限空间地基梁法

半无限空间地基模型起源于经典连续介质力学,当将其用于土与地基梁相互作用的计算时,数学计算上存在较大困难。因此,采用弹性半无限空间地基模型进行格构锚固计算多依靠数值模拟方法。王志俭等将坡体视作半无限空间地基,运用弹性半无限空间地基梁法,按坡体-格构梁共同作用的原则,考虑岩土体变形的连续性及压力的扩散作用,由静力平衡条件和变形协调条件计算格构的变形。

对于预应力格构锚固,现有观点是将预应力锚杆格构分为张拉阶段和工作阶段进行设计；对于张拉阶段,以锚索张拉力为已知量计算地梁的内力；对于工作阶段,可将格构视作承受主动土压力的多跨静不定连续梁,以主动岩土压力作为已知量进行设计计算。

格构梁由多根梁交叉而成,目前的设计方法中为了简化计算,通常会将格构拆分成单根梁进行简化设计,拆分时不考虑节点处存在的扭转,将节点视作铰支,仅考虑节点处的变形协调和静力平衡；或是假定矩形格构的竖梁刚度远大于横梁,仅考虑竖梁对荷载的传递作用。

由于不同设计方法的简化条件不同,对相同的工况,采用不同的计算方法得到的计算结果差异较大。设计方法的合理选择主要依据格构的刚度。杨明等认为,采用 Winkler 弹性地基梁模型的计算结果比较接近实测值,但当格构梁的长度相对于其刚度而言较小时（如梁的截面高度与锚固间距之比大于1/6）,倒梁法的计算结果则比较接近实测值,此时可将格构梁视为刚性梁,采用反梁法进行计算。

1.2.3　预制混凝土格构锚固技术的发展现状

格构锚固技术融合了格构支护与锚固防治两种技术,具有轻便、快速、灵活、将多种防治技术合理组合的特点。随着装配式结构和边坡治理技术的发展,近年涌现出多种新型的预制格构锚固技术,比较典型的、已用于实践的有 Q&S(Quick & Strong)格构锚固和预制预应力混凝土格构锚固(Prestressing Concrete Frame Anchor Method,简称 PC 格构锚固)。

1.2.3.1　Q&S 格构锚固

Q&S 格构锚固最早在日本推广应用。日本有专门成立的 Q&S 框架协会。采用传统工艺施工时,在急陡坡面上架设箍筋困难且费时耗力。而 Q&S 格构锚固工法是在工厂中预制可折叠式钢筋笼,在坡面上组装之后,向钢筋笼中喷射混凝土,从而在坡面上形成钢筋混凝土框架;必要时采用锚杆或锚索等补强。

该工法整体性较好,但是仍然需要现场湿作业施工,不符合当前装配式结构施工的理念和要求。

1.2.3.2　PC 格构锚固

PC 格构锚固首先在日本推广应用。它将预制预应力混凝土面层框架和现浇锚杆(索)有机组合,对不稳定边坡实施加固和坡面防护。日本专门成立了预应力混凝土框架协会,制定《预应力混凝土框架锚固设计施工指南》,实现了 PC 格构锚固工法标准化、系列化设计和施工。

PC 格构锚固的结构形式有 4 种:正方形、半正方形、十字形和一字形。正方形、半正方形和十字形 PC 格构锚固的结构形式见图 1-7～图 1-9。十字形是最基本的结构形式。当坡面表层地基承载力不足时,可采用半正方形框架或正方形框架。正方形框架是构成全面板的要素,适用于崩塌性强的地质条件和坡面。另外,框架的选择还要综合考虑景观、经济性和施工难易程度等因素。

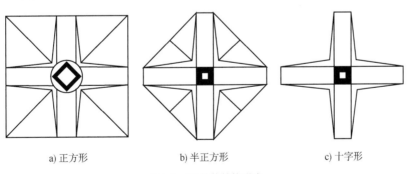

a) 正方形　　　　　　　　b) 半正方形　　　　　　　　c) 十字形

图 1-7　PC 格构结构形式

PC 格构锚固工法具有安装方便、选型多样等特点,但考虑到构件单元之间直接上下搭接,没有结构连接措施,主要依靠预应力锚索的锚固力和自身重力稳定在坡面,导致格构锚固系统的整体性以及受力的连续性和均匀性都不够,特别是对于坡度急陡的边坡,加固效果有待进一步验证。

图 1-8　PC 格构锚固的现场拼装及锚索施工

图 1-9　采用 PC 格构锚固工法的边坡

1.3　本书主要内容

尽管格构锚固技术在边坡治理工程中广泛应用,但普遍采用现浇施工工艺,存在各种各样的施工质量和环境问题。而且由于格构、锚杆与岩土体三者相互作用力学行为复杂,给理论分析、试验测试以及数值模拟工作带来了很大的困难,致使目前格构锚固的设计还主要依靠经验和半经验的方法。

新型预制拼装混凝土格构锚固技术由深圳市路桥建设集团有限公司自主研发,是一种新颖的装配式边坡加固技术,该技术既保证了格构锚固系统的整体性,又具有装配式结构施工的优点。该技术弥补了传统现浇格构锚固技术的诸多弊端,具有较大的市场推广前景。

新型预制拼装混凝土格构锚固技术主要成果包括以下几个方面:

①新型预制拼装混凝土格构锚固是由若干预制十字形和 T 形梁体单元相互拼接而成,构件单元制作更加简易、安装更加轻便且安装时容易调节;构件与构件之间采用在构件端部预留搭接钢筋、湿接后浇工艺。经过试用,对比传统现浇格构,新型预制拼装混凝土格构锚固技术具有质量优良、施工方便、环境友好、节省工期等优点,具有较大的工程推广应用价值。

②通过三维数值计算对预制拼装格构梁与传统现浇格构梁的工作性能进行对比分析发现,预制拼装格构单元表现出与现浇格构单元几乎相同的内力分布,这说明预制拼装支护结构工作性能等同于传统现浇构件,能够满足边坡支护的要求。

③新型预制拼装混凝土格构梁的内力分布特点为:横、竖梁下的基底反力均呈跨中大、节点小的三角形分布;格构梁失效主要表现为格构梁受拉侧的弯折开裂以及受压侧(靠坡侧)节点处的压裂破坏;构件与构件之间、锚杆与构件之间的连接设置满足受力要求。

④系统提出了新型预制拼装混凝土格构锚固技术的设计方法。提出基于土拱效应的倒梁法设计方法,从充分发挥土拱效应自稳能力的角度出发,确定最优锚固间距,进一步优化格构构件单元尺寸;基于现行规范,提出了预制拼装构件连接段的结构验算方法,包括锚固板构件混凝土局部承压验算、锚固板验算、构件与构件湿接锚固长度验算以及湿接段承载力验算等;明确相关的构造要求。

⑤提出了新型预制拼装混凝土格构锚固技术的工厂预制生产、构件运输、现场安装施工、湿接段连接等整套工艺流程,并相应提出了每个工艺流程的质量控制方法。

新型预制拼装混凝土格构锚固技术同岩土工程中其他领域的发展一样,往往是工程实践走在理论研究的前面。为了更好地把新型预制拼装混凝土格构锚固技术的工程实践经验和科技创新成果加以推广运用,提高装配锚杆格构梁技术的理论水平,笔者将近年来在工程实践中获得的经验和结合工程开展的研究成果汇编成书,供有关的专业技术人员和大专院校的师生参考。

本书以新型预制拼装混凝土格构锚固这一新技术为研究对象,采用数值模拟、理论分析计算以及现场试验验证的方法,研究新型预制拼装混凝土格构锚固的作用机理、工作性状,优化其结构形式,形成系统的新型预制拼装混凝土格构锚固的设计、制造、施工及质量控制技术体系,在此基础上开展边坡智慧监测平台的研究与设计,并进行实际工程验证。

全书共 6 章,其中:

第 1 章介绍混凝土格构锚固技术的研究现状、研究方法及最新发展情况。

第 2 章提出新型预制拼装混凝土格构锚固技术,说明其基本结构形式、构造、作用、特点和适用条件,介绍新型预制拼装混凝土格构锚固技术的设计方法、验算方法、构造要求、受力分析、工作性状。

第 3 章介绍新型预制拼装混凝土格构锚固技术的施工工艺。

第 4 章介绍新型预制拼装混凝土格构锚固技术的施工质量控制方法。

第 5 章介绍边坡智慧监测平台的建设情况,对边坡智慧监测平台建设、监测监控系统、数据传输系统、评价决策功能系统、平台的维护及管理等进行了详细的说明。

第 6 章介绍新型预制拼装混凝土格构锚固技术的典型工程应用案例。

第 2 章

新型预制拼装混凝土
格构锚固设计与分析

2.1 预制拼装混凝土格构单元基本形式

预制拼装混凝土格构单元的基本形式有两种:一种锚杆孔设置在构件中心,另一种锚杆孔设置在构件两端(图 2-1)。前者的梁中心受拉力,后者的两端受拉力。

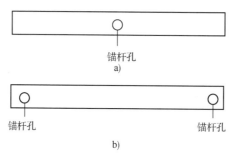

图 2-1 预制拼装混凝土格构单元两种基本形式

对于中心受集中荷载的梁,最大弯矩和剪力均在中心出现,在相同的锚杆拉力作用下,两端承担集中荷载的梁的受力情况明显好于中心承担集中荷载的梁。中心位置承担集中荷载的梁较难优化,因为中心位置为锚杆预留孔,易出现应力集中,该位置又受到最大弯矩和最大剪力。从受力角度讲,采用两端承担集中荷载的预制梁可改善受力条件、节约材料。但是从装配式建筑的制造和安装角度来讲,将两端承担集中荷载的梁拼接成框架所需的构件数量多,且不易装配施工。因此构件单元选用两端设置锚杆孔的形式。

2.2 基于土拱效应的混凝土格构锚固设计方法

在抗滑过程中,格构、锚杆与岩土体存在相互作用,为了达到最优抗滑效果,在设计时应最大限度地调动岩土体的自身稳定性,同时充分发挥格构锚固各部分的抗滑作用,需要将格构、锚杆与岩土体三者视为相互作用的整体进行设计,考虑其协调变形,对格构、锚杆采用一致的极限承载状态进行设计。

2.2.1 基于土拱效应的锚杆设计

早在 1936 年,Terzaghi 就通过"活动门试验"证实了土拱效应的存在,明确提出荷载从屈服土体转移到临近刚性边界的应力转移现象,即"土拱效应",并对土拱的应力分布现象进行了描述,提出了土拱效应存在的两个基本条件:①土体之间产生不均匀位移或相对位移;②作为支撑土拱的拱脚存在。

Terzaghi 的这一发现引起了岩土界的关注,Finn、Kellogg、Harrop、Williams 等学者针对土拱的拱形、拱轴线方程、土拱效应的产生过程及作用效果等开展了研究,认为在荷载或自重的作用下,土体发生压缩和变形,从而产生不均匀变形,由于刚性边界(拱脚)的约束作用,土颗粒间产生互相楔紧,岩土体的应力状态发生了变化,于是在一定范围内的土层中出现了应力重分布,产生了土拱效应(图 2-2)。从整体上来看,土拱效应就是通过调整土体内部的应力分布,把作用于土拱后的岩土压力传递到拱脚的现象,其实质是充分发挥岩土体自身强度以抵抗岩土压力。

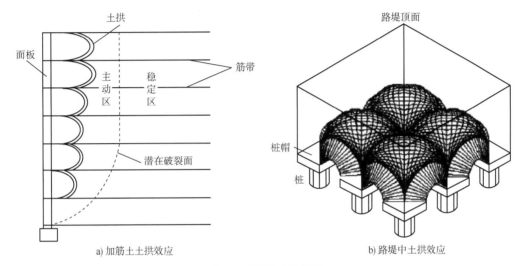

a) 加筋土土拱效应 b) 路堤中土拱效应

图 2-2 土拱效应示意图

土拱效应在岩土工程中十分普遍。随着对土拱效应的认识不断加深,挡土结构中的土拱作用也逐渐受到关注。其中,以桩间土拱效应的研究最为深入,Boscsher、常保平、胡敏云、冯君、周德培等开展了针对桩间土拱效应的研究,认为存在极限桩间距,一旦超过极限桩间距,土拱效应将消失,在此基础上提出了基于土拱效应的桩间距的计算方法。此后,尤昌龙、刘小丽、蒋波、周龙翔、李成芳等分别研究了挡土墙、锚拉桩、加筋土、土钉等支护工程的土拱效应。

土拱效应也可以很好地解释锚杆格构梁的基底反力重分布现象。在滑坡滑动过程中,由于锚杆、格构的约束,格构梁间土体有向外挤出的趋势,即土体将产生不均匀位移,而格构可作为拱脚提供支撑作用,满足 Terzaghi 提出的土拱效应存在的两个基本条件,因此格构下一定范围内的土层中会产生土拱效应(图 2-3)。正是土拱的存在使得均布的滑坡推力向节点(锚杆周围)集中,因而出现了基底反力节点大、跨中小的分布特征。

土拱效应把作用于土拱后的土压力传递到土拱拱脚,是岩土体发生变形后受力的自我优化调整。由于岩土体的抗压强度较高而抗拉性能较差,土拱效应的存在发挥了拱脚处岩土体的抗压强度,避免了跨间岩土体发生拉裂破坏,从而提高了岩土体的承载力。为了更好地发挥岩土体的自稳能力,在格构锚固的设计中应充分利用土拱效应,通过合理调节锚杆间距最大限度地发挥土拱的作用,可在一定程度上降低格构的强度(减小格构梁的截面尺寸、减少配筋和混凝土用量等),最终达到合理设计、降低工程造价的目的。

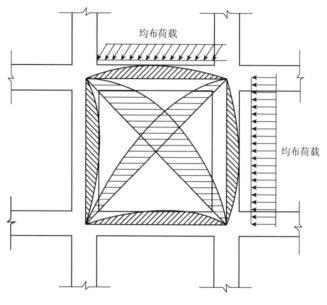

图 2-3　土拱效应

以矩形格构为例,基于土拱效应对合理锚固间距进行推导,计算模型见图 2-4,图中各符号的含义将在下文中一一介绍。在推导过程中,为了简化计算,提出如下基本假设:

①作用在格构梁背后的土体呈各向同性状态,且各相邻锚杆间的土压力强度为均布荷载 q,沿横梁、竖梁方向呈均匀分布状态。

②空间土拱为同一模式,不考虑横梁、竖梁后的土拱相互作用。

③横梁、竖梁跨长均为 l,取单位宽度土拱进行分析。

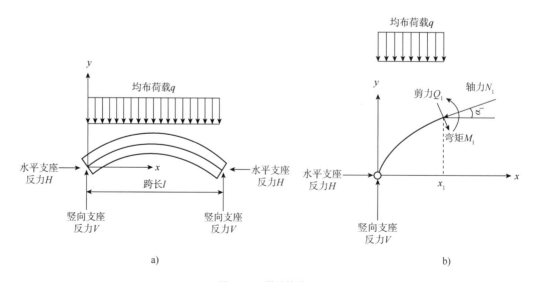

a)　　　　　　　　　　　　　　　　　b)

图 2-4　土拱计算模型

土拱因土体不均匀变形而自发形成,通过应力传递和调整发挥自身强度以抵抗外力,因此土拱的拱形必然使岩土体能最大限度地发挥其自身强度。因此土拱的合理拱轴线就是土体中沿最大主应力方向的迹线,此时土拱土体无弯矩、剪力,只有轴力作用,土拱曲线方程为:

$$y = \frac{4fx(l-x)}{l^2} \qquad (0 \le x \le l) \tag{2-1}$$

式中:l——土拱跨长;

　　　f——土拱拱高。

设土拱轴线上任意一点处的切线与水平方向夹角为 α,则:

$$\tan\alpha = y' = \frac{4f(l-2x)}{l^2} \tag{2-2}$$

根据结构力学原理,计算求得拱脚处水平支座反力 $H = \dfrac{ql^2}{8f}$,竖向支座反力 $V = \dfrac{ql}{2}$。

于 $x = x_1$ 处取截面,可求得:

$$Q_1 = \left(\frac{ql}{2} - qx_1\right)\cos\alpha_1 - \frac{ql^2}{8f}\sin\alpha_1 \tag{2-3}$$

$$N_1 = \left(\frac{ql}{2} - qx_1\right)\sin\alpha_1 - \frac{ql^2}{8f}\cos\alpha_1 \tag{2-4}$$

由合理拱轴线的性质可知,拱圈岩土体无弯矩、剪力,只有轴力作用,即土拱任意一点的剪力 $Q_1 = 0$,则土拱任意一点的轴力 $N = \sqrt{\left(\dfrac{ql}{2} - qx_1\right)^2 - \dfrac{q^2l^4}{64f^2}}$。

当 $x = 0$ 或 $x = l$ 时,轴力最大,即最不利截面位于拱脚处,最大轴力为 $\sqrt{\dfrac{q^2l^2}{4} - \dfrac{q^2l^4}{64f^2}}$。

在同一梁后侧的局部区域内,相邻两侧土拱在此处形成三角形受压区(图 2-5)。该三角形的两腰是拱脚最不利的破坏面,土拱圈的土体在破坏时向临空面剪出。

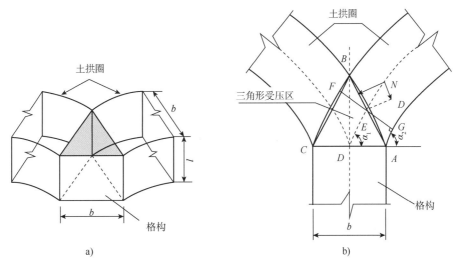

图 2-5　三角形受压示意图

保证土拱不向临空面剪出,才能保证土拱稳定、梁后土体不从梁间挤出,即应满足:

$$N\sin\left(45°+\frac{\varphi}{2}\right)\tan\varphi+cl_{AB}\geqslant N\cos\left(45°+\frac{\varphi}{2}\right) \tag{2-5}$$

式中:c、φ——土体抗剪强度指标。

由莫尔-库仑强度理论可知,岩土体的破坏破裂面与最大主应力面成$45°+\varphi/2$的夹角,即图2-4中AB与FG夹角为$45°+\varphi/2$。则:

$$\alpha_1=\angle BAC=90°-\angle ABD=67.5°+\frac{\varphi}{4} \tag{2-6}$$

$$l_{AB}=\frac{b}{2\cos\left(67.5°+\frac{\varphi}{4}\right)} \tag{2-7}$$

式中:b——格构梁宽度。

拱脚处有:

$$\tan\alpha_1=y'|_{x=0}=\frac{4f}{l^2} \tag{2-8}$$

$$f=\frac{l\tan\left(67.5°+\frac{\varphi}{4}\right)}{4} \tag{2-9}$$

联立以上各式,得:

$$l\leqslant\frac{cb\tan\left(67.5°+\frac{\varphi}{4}\right)}{q\left[\cos\left(45°+\frac{\varphi}{2}\right)-\sin\left(45°+\frac{\varphi}{2}\right)\tan\varphi\right]} \tag{2-10}$$

根据上式可知,已知滑坡推力、格构梁设计宽度、滑坡土体抗剪强度指标,即可求出最大锚固间距l_{max}。可选取典型剖面,将滑坡推力分解,计算各排锚杆对应的滑坡推力,根据最大锚固间距l_{max}分别计算各排锚杆的设计锚固力。

2.2.2 基于土拱理论的倒梁法混凝土格构梁设计

锚杆设计方案确定后,即可对格构梁进行设计。根据模型试验结果,对于非预应力全长黏结注浆的锚杆格构梁而言,格构梁主要起到护坡作用,对其采用构造配筋设计即可;当锚杆采用锚固段注浆时,格构梁与锚杆共同产生压紧抗滑作用,应采用倒梁法、弹性地基梁法等对格构梁的截面及强度参数进行设计。

本书采用倒梁法对格构梁进行设计。倒梁法的计算假设如下:

①不考虑梁的变形。

②梁底反力为线性分布。

③锚杆对格构梁的作用以垂向力为主。

④将锚杆作用点视作铰支座。

通过上述简化,可将格构梁视作锚杆作用下的超静定连续梁,从而计算格构梁的内力。对于矩形格构而言,根据土拱理论计算得到的最大锚固间距l_{max}即格构梁的跨长。

在基于土拱理论的锚杆设计基础上,倒梁法的步骤如下:

①根据数值计算结果,滑坡滑动过程中滑坡体作用给格构梁的基底反力呈节点大、跨中小的分布趋势,可将其简化为节点荷载为 $q_{max} = p_{max}$、跨中荷载 $q = 0$ 的 V 字形线性荷载,节点处的荷载满足

$$q_{max} = p_{max} = 3.5796F + 3.00634 \tag{2-11}$$

计算模型如图 2-6 所示。$R_1 \sim R_5$ 为支座反力。

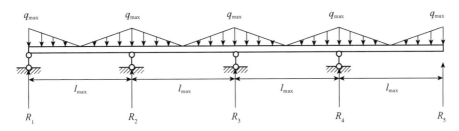

图 2-6 倒梁法计算模型

②将锚杆视为格构梁的支座,将由土拱效应求得的设计锚固力作为支座反力 T_i。

③利用力矩分配法等方法计算格构梁的弯矩、剪力和支座反力 R_i。

④计算不平衡力 $\Delta p_i = T_i - R_i$。

⑤将各支座的不平衡力均匀分布在相邻两跨的各 1/3 跨度范围内,见图 2-7。

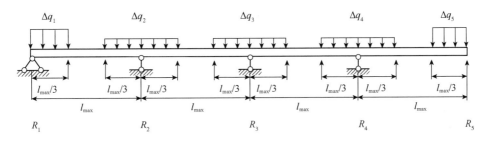

图 2-7 不平衡力调整示意图

对于边跨节点,分布荷载为:

$$\Delta q_i = \frac{\Delta p_i}{l_0 + \dfrac{l_1}{3}} \tag{2-12}$$

对于中间节点,分布荷载为:

$$\Delta q_i = \frac{\Delta p_i}{\dfrac{l_{i-1}}{3} + \dfrac{l_i}{3}} \tag{2-13}$$

式中:Δq_i——不平衡力折算的均布荷载;

l_0——格构梁外伸长度;

l_{i-1}、l_i——分别为节点支座左、右跨的跨长。

⑥采用弯矩分配法等计算格构梁在 Δq_i 作用下的弯矩剪力和支座反力。

⑦重复步骤③~⑥,直至不平衡力在计算容许误差之内。

⑧将每次计算的剪力、弯矩结果累加,得到最终内力计算结果。

根据倒梁法的计算结果,按承载能力极限状态对格构梁进行设计,截面尺寸按照强度和抗裂要求确定。根据以上分析,基于土拱理论的倒梁法混凝土格构梁设计方法可以概括为图2-8。

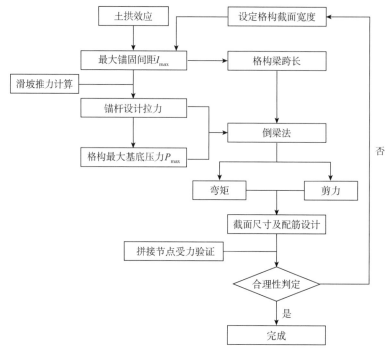

图2-8　基于土拱理论的倒梁法混凝土格构梁设计方法

2.3　接头位置选择和节点连接方式

新型预制拼装混凝土格构锚固接头位置选择和节点连接方式主要考虑以下3个原则:

①保证接头位置对结构整体性影响小,保证构件的连续性和整体性。

②在确保结构整体受力性能前提条件下,力求连接形式简单、传力形式直接明确。

③方便装配施工。

各构件单元搭接方式有两种:一是在构件端部预留搭接钢筋,湿接后浇,形成加固整体;另一种是预留金属波纹管孔道,后插钢筋注浆,形成加固整体。下面分别简要介绍这两种构件连接方式:

采用现浇接缝的新型预制拼装混凝土格构锚固施工工艺考虑到边坡坡面不规则,为调整预制拼装构件组装的误差,采用湿接后浇工艺。该技术将格构梁的上层和下层的2根主筋改为环形钢筋,并伸出预制构件的端面(图2-9)。当左、右两预制构件安装后,两相邻预制构件所伸出的环形钢筋交错,并与4根短直钢筋相互绑扎。安装接缝模板,在模板内后浇混凝土(图2-10),使左、右构件可靠连接,之后进行养护,完成装配式格构梁。

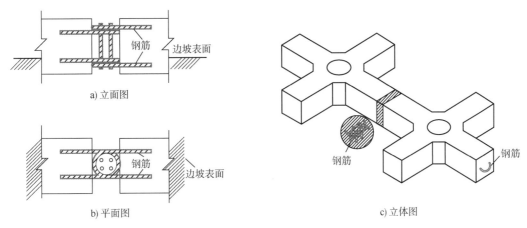

a) 立面图

b) 平面图

c) 立体图

图 2-9　现浇连接示意图

图 2-10　湿接后浇工艺

采用灌浆套筒连接的新型预制拼装混凝土格构锚固施工工艺,是在左、右两构件预埋波纹管,利用波纹管形成孔洞,将钢筋从左侧预制构件中的波纹管一端穿入,从右侧预制构件中的波纹管穿出。在构件的波纹管孔洞内灌注高强砂浆,高强砂浆从出浆孔流出,当高强砂浆达到设计强度,完成装配式格构梁横向连接,详见图 2-11 和图 2-12。

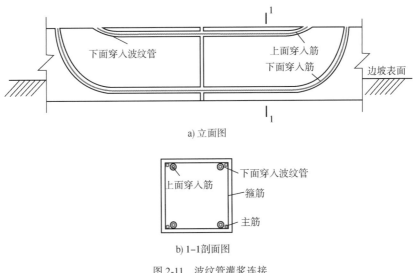

a) 立面图

b) 1—1剖面图

图 2-11　波纹管灌浆连接

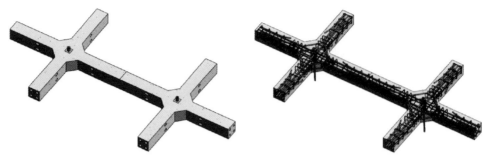

图 2-12　预埋波纹管连接

2.4　构　造　要　求

2.4.1　锚杆与构件连接的构造要求

锚杆锚固板应符合下列规定：

①全锚固板承压面积不应小于锚固钢筋公称面积的 9 倍。

②部分锚固板承压面积不应小于锚固钢筋公称面积的 4.5 倍。

③锚固板厚度不应小于锚固钢筋公称直径。

④采用部分锚固板锚固的钢筋公称直径不宜大于 40mm；当公称直径大于 40mm 的钢筋采用部分锚固板锚固时，应通过试验验证并确定其设计参数。

灌浆材料性能应符合下列规定：

①水泥宜使用普通硅酸盐水泥，需要时可采用抗硫酸盐水泥。

②砂的含泥量按质量计不得大于 3%，砂中云母、有机物、硫化物和硫酸盐等有害物质的含量按质量计不得大于 1%。

③水中不应含有影响水泥正常凝结和硬化的有害物质。不得使用污水。

④外加剂的品种和掺量应由试验确定。

⑤浆体配制的灰砂比宜为 0.80~0.50，水灰比宜为 0.38~0.50。

⑥浆体材料 28d 无侧限抗压强度不应低于 30MPa。

套管材料和波纹管应符合下列规定：

①具有足够的强度，保证其在加工和安装过程中不损坏。

②具有抗水性和化学稳定性。

③与水泥浆、水泥砂浆或防腐油脂接触后无不良反应。

防腐材料应符合下列规定：

①在锚杆设计使用年限内，保持其防腐性能和耐久性。

②在规定的工作温度内或张拉过程中不得开裂、变脆或成为流体。

③应具有化学稳定性和防水性，不得与相邻材料发生不良反应。

④不得对锚杆自由段的变形产生限制和不良影响。

锚杆总长度应为锚固段、自由段和外锚段的长度之和，锚杆长度的最短要求为：

①锚杆自由段长度应为外锚头到潜在滑裂面的长度;预应力锚杆自由段长度应不小于 5m,且应超过潜在滑裂面 1.5m。

②锚杆锚固段长度应按现行《建筑边坡工程技术规范》(GB 50330)的要求进行计算,并取大值。同时,土层锚杆的锚固段长度不应小于 4m,并不宜大于 10m;岩石锚杆的锚固段长度不应小于 3m,并不宜大于锚杆钢筋直径的 45 倍和 6.5m,或锚索直径的 55 倍和 8m(对预应力锚索)。

③对位于软质岩中的预应力锚索,可根据地区经验确定最大锚固长度。

④当计算锚固段长度超过构造要求长度时,应采取改善锚固段岩土体质量、压力灌浆、扩大锚固段直径、采用荷载分散型锚杆等措施,提高锚杆承载力。

边坡格构梁锚杆设计的基本构造要求:

①锚杆的钻孔直径应符合下列规定:钻孔内的锚筋面积不超过钻孔面积的 20%;预应力筋保护层厚度不小于 25mm(永久锚杆)或 15mm(临时锚杆)。

②锚杆锚固段上部覆盖岩土层厚度应不小于 4.5m;锚杆与水平向的倾角不应为 $-10°$ ~ $+10°$。

③应避免锚杆对相邻建(构)筑物的基础产生不利影响。

④锚杆隔离架(对中支架)应沿锚杆轴线方向每隔 1~3m 设置 1 个,对土层应取小值,对岩层可取大值。

边坡格构梁锚杆布置的构造要求如下:

①锚杆上、下排垂直间距、水平间距均不宜小于 2m。

②当锚杆间距小于上述规定或锚固段岩土层稳定性较差时,锚杆宜采用长短相间的方式布置。

③第一排锚杆锚固体上覆土层的厚度不宜小于 4m,上覆岩层的厚度不宜小于 2m。

④第一锚点位置可设于坡顶下 1.5~2m 处。

⑤锚杆的倾角宜为 10°~35°。

⑥锚杆布置应尽量与边坡走向垂直,并应与结构面呈较大倾角相交。

边坡格构梁锚杆的灌浆应符合下列规定:

①灌浆前应清孔,排放孔内积水。

②注浆管宜与锚杆同时放入孔内。向水平孔或下倾孔内注浆时,注浆管出浆口应插入距孔底 100~300mm 处,浆液自下而上连续灌注。向上倾斜的钻孔内注浆时,应在孔口设置密封装置。

③孔口溢出浆液或排气管停止排气并满足注浆要求时,可停止注浆。

④根据工程条件和设计要求确定灌浆方法和压力,确保钻孔灌浆饱满和浆体密实。

⑤浆体强度检验用试块的数量为每 30 根锚杆不应少于 1 组,每组试块不应少于 6 个。

2.4.2　构件与构件湿连接的构造要求

预制环形钢筋混凝土结构接缝处的箍筋宜通长设置,两端伸入接头现浇区域的长度不宜小于箍筋直径的 25 倍。箍筋宜采用机械连接。

预制环形钢筋混凝土结构的水平连接应符合下列规定:

①预制环形钢筋混凝土结构预留的水平环形钢筋外露部分长度不宜小于两排主筋的间距,且不应小于受拉钢筋基本锚固长度的 0.6 倍。

②后置水平封闭箍筋每端不宜少于 2 排。

构件连接混凝土强度等级不应低于所连接的各预制构件混凝土强度等级中的较大值。

2.5 构件连接点结构验算方法

2.5.1 锚杆孔锚固板构件混凝土局部承压验算

根据《公路钢筋混凝土及预应力混凝土桥涵设计规范》(JTG 3362—2018),计算局部抗压承载力。

间接钢筋体积配筋率 ρ_v(核心面积 A_{cor} 范围内单位混凝土体积所含间接钢筋的体积)按下式计算:

$$\gamma_0 F_{ld} \leq 0.9(\eta_s \beta f_{cd} + k\rho_v \beta_{cor} f_{sd}) A_{ln} \tag{2-14}$$

$$\beta_{cor} = \sqrt{\frac{A_{cor}}{A_l}} \tag{2-15}$$

式中:γ_0——结构重要性系数;

F_{ld}——最大集中反力设计值;

η_s——混凝土局部承压修正系数;

β——混凝土局部承压强度提高系数;

f_{cd}——混凝土轴心抗压强度设计值;

k——间接钢筋影响系数;

β_{cor}——配置间接钢筋时局部抗压承载力提高系数,当 $A_{cor} > A_b$ 时,应取 $A_{cor} = A_b$,其中 A_b 为局部受压时的计算底面积;

A_{cor}——方格网或螺旋形间接钢筋内表面范围内的混凝土核心面积,其形心应与 A_l 的形心相重合,计算时按同心、对称原则取值;

A_{ln}、A_l——混凝土局部受压面积,A_{ln} 为扣除孔洞后的面积,A_l 为不扣除孔洞的面积。

按方格网钢筋:

$$\rho_v = \frac{n_1 A_{s1} l_1 + n_2 A_{s2} l_2}{A_{cor} s} \tag{2-16}$$

此时,在钢筋网两个方向的钢筋截面面积相差不大于 50%。

对于螺旋形配筋:

$$\rho_v = \frac{4 A_{ss1}}{d_{cor} s} \tag{2-17}$$

式(2-16)~式(2-17)中:A_{cor}——方格网或螺旋形间接钢筋内表面范围内的混凝土核心面积,其形心应与 A_l 的形心相重合,计算时按同心、对称原则取值;

n_1、A_{s1}——分别为方格网沿 l_1 方向的钢筋根数、单根钢筋的截面面积;

n_2、A_{s2}——分别为方格网沿 l_2 方向的钢筋根数、单根钢筋的截面面积;

A_{ss1}——单根螺旋形间接钢筋的截面面积;

d_{cor}——螺旋形间接钢筋内表面范围内混凝土核心面积的直径;

s——方格网或螺旋形间接钢筋的层距。

注:方格网钢筋不应少于 4 层,螺旋形钢筋不应少于 4 圈;带喇叭管的锚具垫板,板下螺旋筋圈数的长度不应小于喇叭管长度。

计算图示见图 2-13。

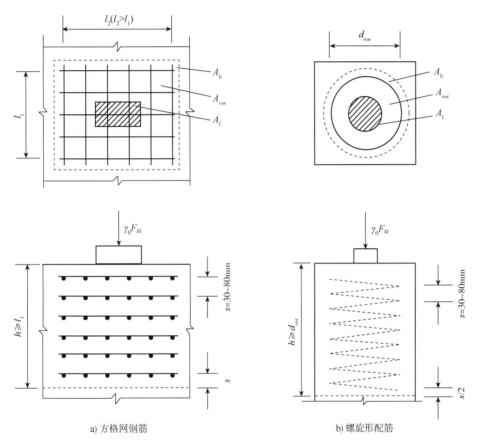

a) 方格网钢筋　　　　　　　　　　b) 螺旋形配筋

图 2-13　局部承压区域配筋示意

2.5.2　锚固板验算

根据《钢筋锚固板应用技术规程》(JGJ 256—2011),锚固板应符合以下规定:

①部分锚固板承压面积不应小于锚固钢筋公称面积的 4.5 倍。

②锚固板厚度不应小于锚固钢筋公称直径。

③采用部分锚固板锚固的钢筋公称直径不宜大于 40mm。当公称直径大于 40mm 的钢筋采用部分锚固板锚固时,应通过试验验证并确定其设计参数。

④在格构梁十字构件中央预留孔洞用于穿锚杆钢筋和安装锚固板,在预留孔洞内灌注高强灌浆料,保证黏结强度。

2.5.3 构件与构件湿接锚固长度验算

根据《装配式环筋扣合锚接混凝土剪力墙结构技术标准》(JGJ/T 430—2018),预制环形钢筋混凝土连接的环筋扣合节点中,单侧受拉钢筋的锚固长度应当按下式计算:

$$l_m + l_n \geq 20d \tag{2-18}$$

$$l_m = d_1 - 2c \tag{2-19}$$

式中:l_m——环筋扣合弯角间直线锚固长度(mm);

l_n——环筋扣合直筋段锚固长度(mm),$l_n \geq 8d$ 且不应小于 120mm;

d——连接区域内竖向环形钢筋的最大直径(mm);

d_1——预制环形钢筋混凝土的厚度(mm);

c——预制环形钢筋混凝土的钢筋保护层厚度(mm)。

2.5.4 湿接段承载力验算

根据《装配式环筋扣合锚接混凝土剪力墙结构技术标准》(JGJ/T 430—2018),预制环形钢筋混凝土的环筋扣合节点中,水平扣合连接筋的受拉承载力设计值应按下式计算:

$$N_s \leq R \tag{2-20}$$

$$N_s = f_y A_s \tag{2-21}$$

$$R = 0.15 f_t A_{sc} + 0.55 f_{yv} A_{sdl} \tag{2-22}$$

$$A_{sc} = l_m \times l_n \tag{2-23}$$

式中:N_s——环形闭合钢筋受拉承载力设计值;

R——水平扣合连接筋的受拉承载力设计值;

A_s——环形闭合钢筋的面积,按两根钢筋面积计算;

f_t——混凝土轴心抗拉强度设计值,按后浇混凝土强度取值;

f_y——钢筋抗拉强度设计值;

A_{sc}——环形闭合钢筋扣合单元中混凝土剪切面的面积;

f_{yv}——水平扣合连接筋的抗拉强度设计值;

A_{sdl}——水平扣合连接筋的面积,按封闭环内角部四根插筋面积计算。

2.6 受力分析

2.6.1 整体模型数值模拟

2.6.1.1 模型建立

利用 Midas 软件,采用空间梁单元建立整体模型,如图 2-14 所示。模型主要参数如下:横梁共 6 道,每道长 15m,间距 3m;纵梁共 5 道,每道长 15m,间距 3m;横梁左、右两悬臂端外伸长度均为 1.5m;该整体模型区段沿断面长为 15m。

图 2-14　整体模型

2.6.1.2　荷载及边界条件确定

首先进行边坡土压力的计算,根据现行《建筑边坡工程技术规范》(GB 50330),边坡破坏时的平面破裂角 θ 可按下式计算:

$$\theta = \arctan\left(\frac{\cos\varphi}{\sqrt{1+\dfrac{\cot\alpha'}{\eta+\tan\varphi}}-\sin\varphi}\right) \tag{2-24}$$

式中:φ——土的内摩擦角(°);

α'——边坡坡面与水平面的夹角(°)。

η——由下式计算:

$$\eta = \frac{2c}{\gamma h} \tag{2-25}$$

式中:c——土的黏聚力(kPa);

γ——土的重度(kN/m³);

h——边坡的垂直高度(m)。

代入土体参数,计算得出土体的临界滑动面与水平面的夹角 θ 为 36.44°。由于代入的是天然状态下砂质黏土的黏聚力和内摩擦角值,得出的结果为滑动土体不会沿滑动面下滑,即该边坡稳定,故在验算时代入持续暴雨加地震状态工况下的土体参数,结合规范、文献以及相关实例,偏安全地选取黏聚力 $c=15\text{kPa}$,内摩擦角 $\varphi=12°$。每延米长度下滑土体产生的沿临界滑动面下滑力 E_1 为:

$$E_1 = \frac{1}{2}\times 8\times 10\times 18.6\times \sin 36.44° = 441.92\text{kN/m}$$

而滑动土体沿滑裂面下滑的摩擦力 f 为:

$$f = cl+N\tan\varphi = 15\times\frac{10}{\sin 36.44°}+\frac{441.92}{\tan 36.44°}\times\tan 12° = 379.82\text{kN/m}$$

式中:c——土的黏聚力(kPa);

φ——土的内摩擦角(°);

  l——计算滑动面长度（m）；

  N——正应力（kN）。

  则剩余土体下滑力 E' 为：

$$E' = E_1 - f = 441.92 - 379.82 = 62.1 \text{kN/m}$$

  由于格构梁的主要作用是将边坡坡体的剩余下滑力或土压力、岩石压力分配给格构结点处的锚杆，然后通过锚杆传递至稳定地层，从而使边坡坡体在由锚杆或锚索提供的锚固力的作用下处于稳定状态。因此格构梁仅是一种传力结构，加固的抗滑力主要由格构结点处的锚杆提供。该模型沿断面长度为 15m，共含有 20 个锚杆锚固点，则每根锚杆所需承担的锚固力 F 为：

$$F = 15 \times 62.1 \div 20 = 46.58 \text{kN}$$

  将此所需承担的锚固力 F 均摊至横、纵格构梁上，由于采用梁单元建立格构梁模型，故采用梁单元荷载的形式进行荷载施加，则梁单元荷载 P 为：

$$P = \frac{46.58 \times 20}{12 \times 4 + 9 \times 5} = 10.02 \text{kN/m}$$

  将计算所得的梁单元荷载 P 施加于格构梁上，同时在锚杆锚固点设置固定约束，如图 2-15 所示。

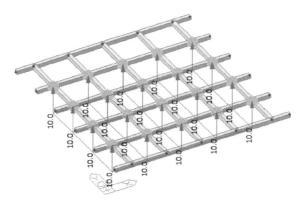

图 2-15　施加荷载

2.6.1.3　结果分析

  整体模型横梁加载弯矩分布如图 2-16 所示，弯矩最不利处出现在竖梁靠近坡底悬臂端处，如图 2-17 所示，弯矩值大小为 31.8kN·m。

  横梁加载剪力分布如图 2-18 所示，剪力最不利处出现在竖梁靠近坡底悬臂端处，如图 2-19 所示，剪力值大小为 12.9kN。

  竖梁加载弯矩分布如图 2-20 所示，弯矩最不利处出现在竖梁靠近坡底悬臂端处，如图 2-21 所示，弯矩值大小为 18.9kN·m。

  竖梁加载剪力分布如图 2-22 所示，剪力最不利处出现在竖梁靠近坡底悬臂端处，如图 2-23 所示，剪力值大小为 12.4kN。

  横梁加载锚固处锚杆受力见图 2-24，竖梁加载锚固处锚杆受力见图 2-25，最大值为 33.9kN。

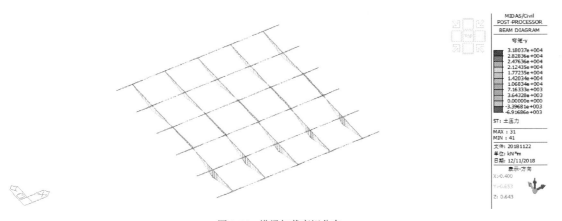

图 2-16　横梁加载弯矩分布

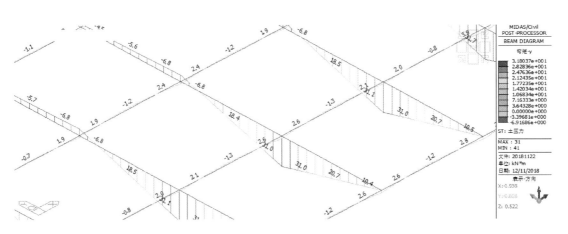

图 2-17　横梁加载弯矩最不利处

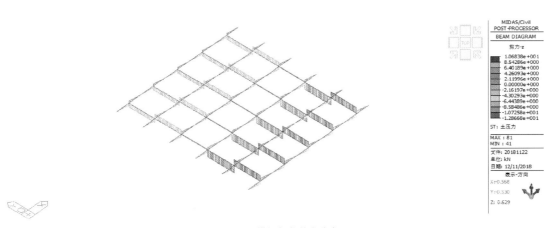

图 2-18　横梁加载剪力分布

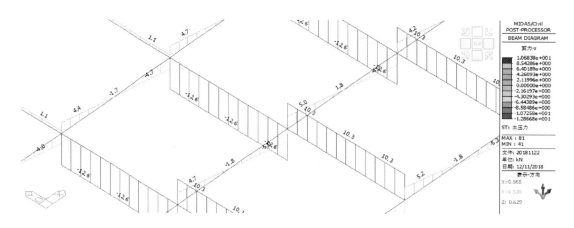

图 2-19　横梁加载剪力最不利处

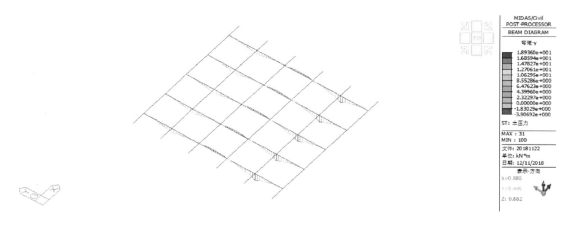

图 2-20　竖梁加载弯矩分布

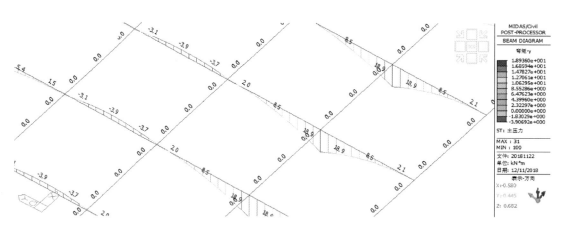

图 2-21　竖梁加载弯矩最不利处

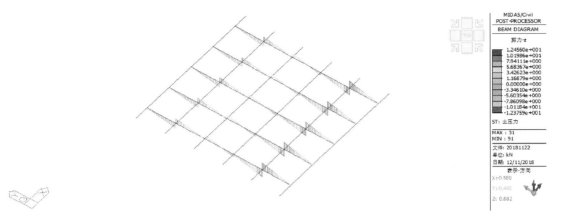

图 2-22　竖梁加载剪力分布

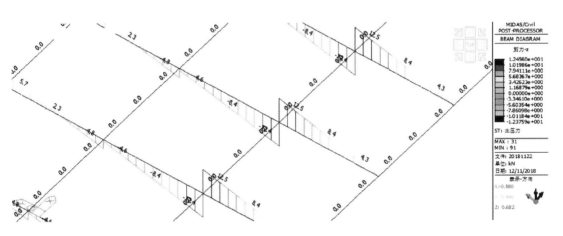

图 2-23　竖梁加载剪力最不利处

图 2-24　横梁加载锚固处锚杆受力

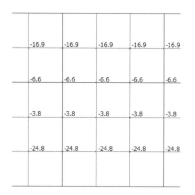

图 2-25　竖梁加载锚固处锚杆受力

沿道路长度方向 1m 长度内，土压力合力 E_a 为：

$$E_a = (E_0 \times \sin 32.32° + E') \times \cos 32.32° = 17.31\text{kN}$$

该模型沿横梁方向共 15m，故土压力总合力 E_a 为：

$$E_a = 15 \times 17.31 = 259.65\text{kN}$$

根据图 2-24，将所有的锚固处锚杆受力值相加，得锚固处总受力 F 为：

$$\begin{aligned}F =&\ -23.5-21.9-22.8-21.9-23.5-1.7-0.8-1.7\\ &-0.8-1.7+4.5+5.4+4.4+5.4+4.5-33.9\\ &-31.8-33.0-31.8-33.9\\ =&\ -260.5\text{kN}\end{aligned}$$

与土压力总合力几乎完全一致，满足等效分配。

根据图 2-25，将所有的锚固处锚杆受力值相加，得锚固处总受力 F 为：

$$F = -16.9 \times 5 - 6.6 \times 5 - 3.8 \times 5 - 24.8 \times 5 = -260.5\text{kN}$$

与土压力总合力几乎完全一致，满足等效分配。

2.6.1.4　验算

结合规范及相关资料，对整体模型坡底悬臂端最不利处及锚杆进行验算。

1）正截面抗弯验算

格构梁钢筋构造如图 2-26 所示。

钢筋为 HRB400 钢筋，抗拉设计强度为 $f_{sd} = 330\text{MPa}$，C30 混凝土的抗压强度设计值 $f_{cd} = 13.8\text{MPa}$，则

$$x = \frac{330 \times 760 - 330 \times 760}{13.8 \times 300} = 0 < 2a'_s\left[= 2 \times 62.55 = 125.1\text{mm}\right]$$

故取 $x = 2a'_s = 125.1\text{mm}$。

则悬臂端抗弯承载力 M_{u1} 为：

$$M_{u1} = f_{sd}A_s(h_0 - a'_s) = 330 \times 760 \times (237.45 - 62.55) = 43.86\text{kN} \cdot \text{m} > 31.8\text{kN} \cdot \text{m}$$

故正截面抗弯验算满足要求。

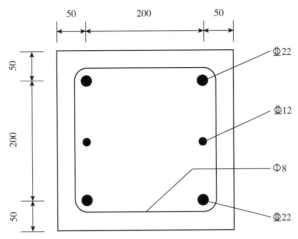

图 2-26　格构梁钢筋构造图(尺寸单位:mm)

2)斜截面抗剪验算

根据现行《公路钢筋混凝土及预应力混凝土桥涵设计规范》(JTG 3362),对配有腹筋的钢筋混凝土梁斜截面抗剪承载力的计算采用下述半经验半理论公式:

$$V_u = \alpha_1 \alpha_2 \alpha_3 (0.45 \times 10^{-3}) b h_0 \sqrt{(2+0.6p)\sqrt{f_{cu,k}} \rho_{sv} f_{sv}} + (0.75 \times 10^{-3}) f_{sd} \sum A_{sb} \sin\theta_s \quad (2\text{-}26)$$

式中:V_u——配有箍筋和斜筋的钢筋混凝土梁斜截面抗剪承载力(kN);

α_1——异号弯矩影响系数,计算简支梁和连续梁近边支点梁段的抗剪承载力时取 1.0;

α_2——预应力提高系数,对钢筋混凝土受弯构件取 1;

α_3——受压翼缘的影响系数;

b——斜截面受压区顶端正截面处矩形截面宽度(mm);

h_0——斜截面受压区顶端正截面的有效高度,自纵向受拉钢筋合力点到受压边缘的距离(mm);

p——斜截面内纵向受拉钢筋的配筋率,$p=100\rho$,$\rho=A_{sb}/(bh_0)$,当 $p>2.5$ 时,取 $p=2.5$;

$f_{cu,k}$——混凝土立方体抗压强度标准值(MPa);

ρ_{sv}——斜截面内箍筋配筋率;

f_{sv}——箍筋抗拉强度设计值(MPa);

f_{sd}——弯起钢筋抗拉强度设计值(MPa);

A_{sb}——斜截面内在同一个弯起钢筋平面内的弯起钢筋总截面面积(mm²);

θ_s——弯起钢筋的切线与构件水平纵向轴线的夹角。

代入相关数据,得:

$$V_u = 1 \times 1 \times 1 \times (0.45 \times 10^{-3}) \times 300 \times 250 \times \sqrt{(2+0.6 \times 1.0)} \times \sqrt{30} \times 0.00335 \times 270$$
$$= 121.13\text{kN} > 12.9\text{kN}$$

同时,现行《公路钢筋混凝土及预应力混凝土桥涵设计规范》(JTG 3362)规定了截面最小尺寸的限制条件,是为了避免梁斜压破坏,防止梁(特别是薄腹梁)在使用阶段斜裂缝展开过大。截面尺寸应满足:

$$\gamma_0 V_d \leqslant (0.51 \times 10^{-3}) \sqrt{f_{cu,k}} b h_0 \qquad (2\text{-}27)$$

式中：V_d——验算截面处由作用（或荷载）产生的剪力组合设计值（kN）；

$\quad\quad\gamma_0$——结构重要性系数；

$\quad\quad f_{cu,k}$——混凝土立方体抗压强度标准值（MPa）；

$\quad\quad b$——相应于剪力组合设计值处矩形截面的宽度（mm）；

$\quad\quad h_0$——相应于剪力组合设计值处矩形截面的有效高度（mm）。

代入相关数据得：

$$(0.51 \times 10^{-3}) \sqrt{f_{cu,k}} b h_0$$
$$= (0.51 \times 10^{-3}) \times \sqrt{30} \times 300 \times 250$$
$$= 209.5 \text{kN}$$
$$\geqslant 1.0 \times 12.9 = 12.9 \text{kN}$$

故斜截面抗剪验算符合要求。

3）斜截面抗弯验算

斜截面抗弯承载力计算的基本公式为：

$$M_u = f_{sd} A_s Z_s + \sum f_{sv} A_{sv} Z_{sv} + \sum f_{sd} A_{sb} Z_{sb} \qquad (2\text{-}28)$$

式中：M_u——斜截面抗弯承载力（kN·m）；

A_s、A_{sv}、A_{sb}——分别为与斜截面相交的纵向受拉钢筋、箍筋与弯起钢筋的截面面积；

$\quad\quad Z_s$——纵向普通受拉钢筋合力点至受压区中心点的距离；

$\quad\quad Z_{sv}$——与斜截面相交同一平面内箍筋合力点至斜截面受压端的水平距离；

$\quad\quad Z_{sb}$——预应力弯起钢筋合力点至受压区中心点的距离；

$\quad\quad f_{sd}$——纵向普通钢筋抗拉强度设计值；

$\quad\quad f_{sv}$——箍筋抗拉强度设计值。

代入相关数据得：

$$M_u = 330 \times 720 \times 250 + 50.3 \times 270 \times 100 = 60.76 \text{kN·m} > 31.8 \text{kN·m}$$

故斜截面抗弯验算符合要求。

4）锚杆抗拔力验算

单根锚杆抗拔力设计值为 80kN，大于锚固点数值模拟结果（33.9kN），满足要求。

综上所述，整体模型承载力验算符合要求。

2.6.2　局部模型数值模拟

2.6.2.1　模型建立

利用 Abaqus 软件，采用三维八节点实体（C3D8R）单元建立局部格构梁构件单元受力分析模型。

1）格构梁主体模型

横梁长 3000mm，纵梁长 3000mm，横梁与纵梁主截面均为 300mm×300mm 的正方形。在混凝土格构梁中间设置凹槽，该凹槽与地面平行，用于后期安装锚杆。材质为 C30 混凝土，密度均匀，密度为 2385kg/m³，弹性模量为 30000MPa，泊松比为 0.2。格构梁主体模型如图 2-27 所示。

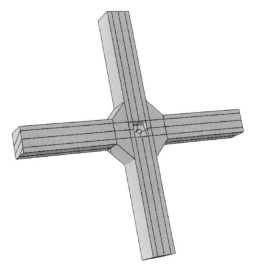

图 2-27　格构梁主体模型

2）螺母模型

螺母外径为 70mm，内径为 28mm，长 50mm。材质为 Q235A 钢，密度均匀，密度为 7850kg/m³，弹性模量为 200000MPa，泊松比为 0.3。螺母模型如图 2-28 所示。

图 2-28　螺母模型

3）锚固上、下垫板模型

锚固上垫板尺寸为 120mm×120mm×25mm，内径为 28mm。材质为 Q235A 钢，密度均匀，密度为 7850kg/m³，弹性模量为 200000MPa，泊松比为 0.3。放置于螺母与锚固下垫板之间，用于固定锚杆。锚固上垫板模型如图 2-29 所示。

图 2-29　锚固上垫板模型

锚固下垫板尺寸为 180mm×180mm×25mm,内径为 70mm。材质为 Q235A 钢,密度均匀,密度为 7850kg/m³,弹性模量为 200000MPa,泊松比为 0.3。放置于锚固上垫板与装配格构梁之间,在预制过程中已内嵌于格构梁内部,增大锚垫板受力面积,便于传力。

4）锚杆模型

锚杆直径为 28mm,长度为 1200mm。材质为 HRB400 钢,密度均匀,密度为 7850kg/m³,弹性模量为 200000MPa,泊松比为 0.3。锚杆垂直于垫板,深入格构梁的内部孔道,并且露出螺母端头 20mm 以上。锚杆模型如图 2-30 所示。

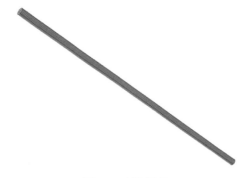

图 2-30　锚杆模型

5）灌浆料模型

灌浆料主要穿过锚固下垫板、预制格构梁和预制格构梁下方至少 10cm 的土层。材质为 C40 混凝土,密度均匀,密度为 2300kg/m³,弹性模量为 40000MPa,泊松比为 0.2。

6）整体模型装配

组装以上构件,通过共面选项设置螺母、垫板、灌浆料、锚杆顶面相互平行,确保接触可靠。整体模型装配图见图 2-31。整体模型装配凹槽细节见图 2-32。

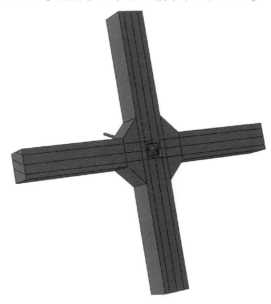

图 2-31　整体模型装配图

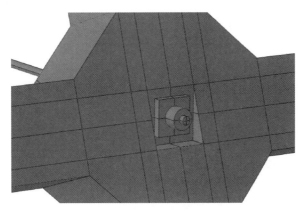

图 2-32　整体模型装配凹槽细节

7) 设置相互作用

在螺母与锚固上垫板、锚固上垫板与锚固下垫板之间设置表面与表面接触,采用小滑移公式,为调整区域指定 0.02 的容差。切向接触采用罚公式,摩擦系数 0.15,各向同性;法向接触采用硬接触。由于锚固下垫板已内置于预制格构梁,在锚固下垫板与预制格构梁之间设置绑定约束。在螺母与锚杆之间、灌浆料与锚杆之间设置绑定约束。由于目的是分析锚头局部应力,故在十字格构梁边缘设置完全固结。

8) 设置荷载、分析步

由计算可知,锚固板所承受的抗拔力为 60kN。结合实际受力情况,在锚杆尾端施加 60kN 拉力,换算成压强即为 97.44MPa。在分析步中设置为静力模式,如图 2-33 所示。

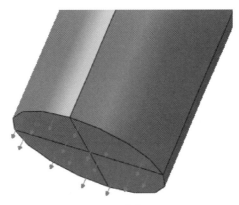

图 2-33　荷载设置

9) 划分网格

根据部件刚度的不同,设置的网格大小也有所不同。网格划分如图 2-34 所示。

2.6.2.2　结果分析

1) 格构梁主体模型

对格构梁局部应力进行分析。对于脆性材料一般采用第一强度理论,故对格构梁混凝土部分进行最大主应力分析(图 2-35)。可以得出:最大压应力出现在锚固垫板下混凝土格构梁部分,破坏模式主要表现为受压破坏。对比应力云图(图 2-36 ~ 图 2-38),最大应力值为 z 轴轴向应力云图中的应力值 4.991MPa,而混凝土强度等级为 C30,C30 混凝土的抗压强度设计值 f_{cd} = 13.8MPa,大于该处数值模拟应力值,故满足验算要求。

图 2-34　网格划分

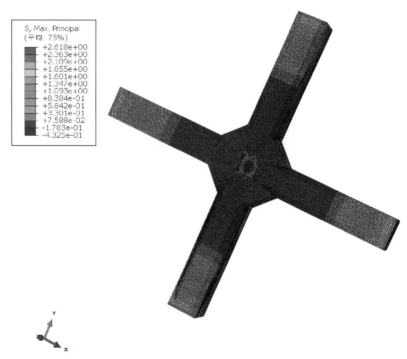

图 2-35　最大主应力云图

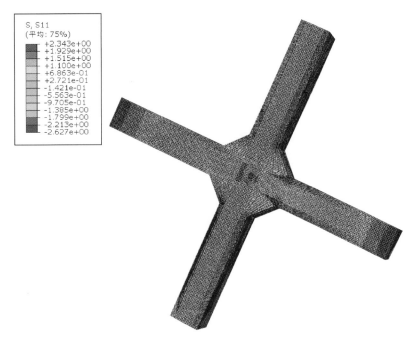

图 2-36　x 轴轴向应力云图

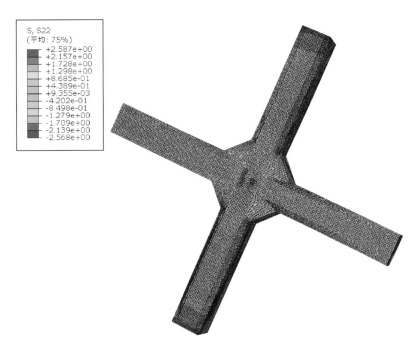

图 2-37　y 轴轴向应力云图

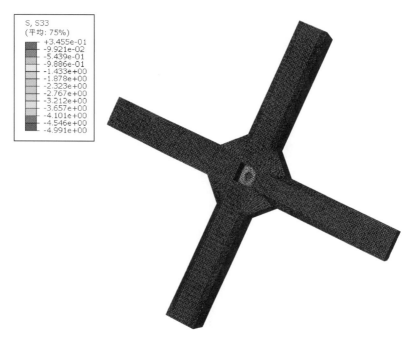

图 2-38　z 轴轴向应力云图

对比峰值位移(图 2-39)、x 轴轴向位移(图 2-40)、y 轴轴向位移(图 2-41)、z 轴轴向位移(图 2-42),可知峰值位移为 0.1636mm,并且主要是 z 轴轴向位移引起的。

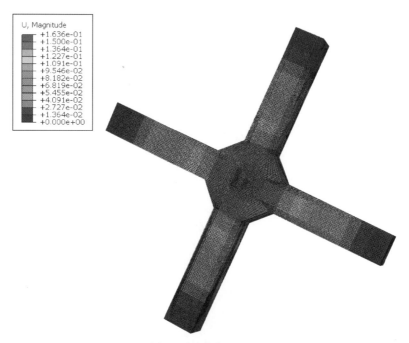

图 2-39　峰值位移云图

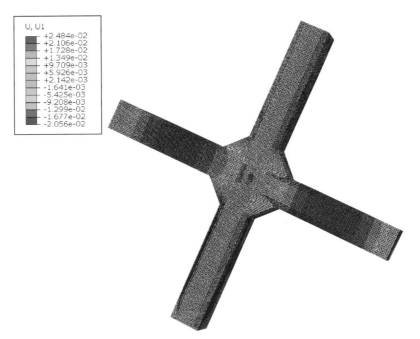

图 2-40　x 轴轴向位移云图

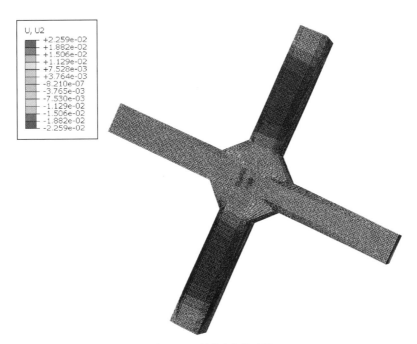

图 2-41　y 轴轴向位移云图

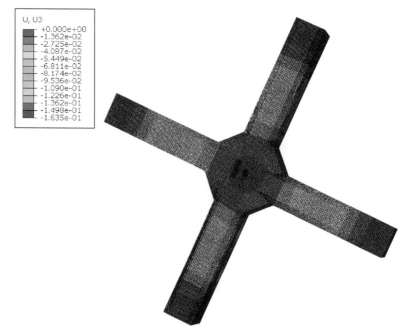

图 2-42　*z* 轴轴向位移云图

2）螺母模型

对螺母进行受力分析。根据第四强度理论和能量守恒原理，可用 Mises 准则判断材料是否屈服。Mises 准则一般用于延性比较好的材料。对螺母进行 Mises 应力分析，根据 Mises 应力、峰值位移绘制云图。

Mises 应力云图见图 2-43。由该图可知，应力最大值为 17.99MPa，小于钢材强度设计值，满足验算要求。

峰值位移云图见图 2-44。由该图可知，螺母最大位移为 0.1865mm。

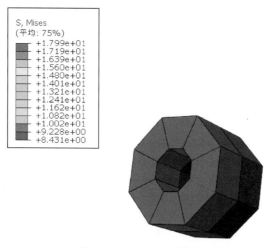

图 2-43　Mises 应力云图

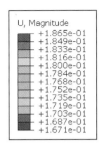

图 2-44　峰值位移云图

3）锚固上垫板模型

对垫板进行 Mises 应力分析，根据 Mises 应力、峰值位移绘制云图。

Mises 应力云图见图 2-45。由该图可得，应力最大值为 34.67MPa，小于钢材强度设计值，满足验算要求。

峰值位移见图 2-46。由该图可知，垫板最大位移为 0.1913mm。

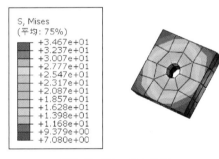

图 2-45　Mises 应力云图

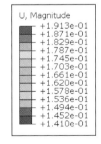

图 2-46　峰值位移云图

4）锚固板模型

对锚固板进行 Mises 应力分析，根据 Mises 应力、峰值位移绘制云图。

Mises 应力云图见图 2-47。由该图可得，应力最大值为 13.14MPa，小于钢材强度设计值，满足验算要求。

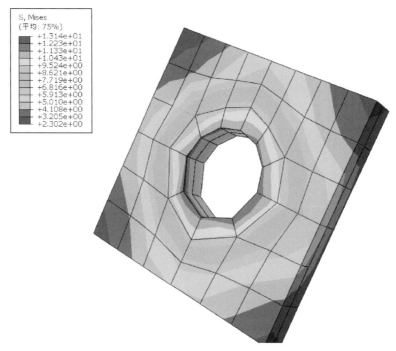

图 2-47 Mises 应力云图

峰值位移云图见图 2-48。由该图可知，锚固板最大位移为 0.1660mm。

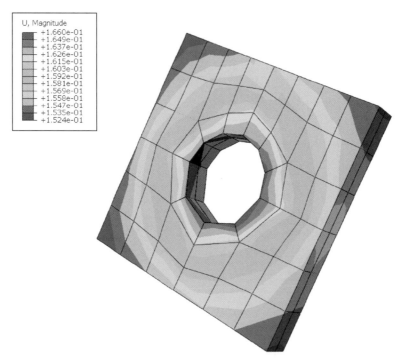

图 2-48 峰值位移云图

综上所述，格构梁锚固部分局部验算符合要求。

2.7　工作性状分析

2.7.1　ABAQUS 简介

ABAQUS 是由达索公司开发的有限元分析软件。ABAQUS 支持用户自行定义材料属性、本构模型、单元节点类型和分析步骤。ABAQUS 对岩土工程中土体的非线性特点表现出良好的适用性,分析性能强大。

与结构工程领域相比,在岩土工程领域中,由于土体及岩体的力学性质独特,对有限元分析软件提出了特殊的要求。ABAQUS 能较好地满足这一要求,在于:

①具备反映土体真实性状(如土体的屈服特性、摩擦、膨胀特性)的本构模型,具备常用的土体模型(如摩尔-库伦模型、邓肯-张模型、修正的剑桥模型等),合理地选择并使用这些模型可以较为准确地反映土体的弹塑性。ABAQUS 还提供了可供使用者二次开发的接口,便于自行定义材料的参数、属性。

②土体是包含空气、水、土的三相体。当前的大部分理论都认为土体的强度和变形能力取决于土体的有效应力,这就要求分析软件具备有效应力计算功能。ABAQUS 中的孔压单元能够很好地模拟土体中流体的渗透与应力之间的耦合效应。

③岩土工程中经常会遇到土体与上部结构物之间的相互作用问题。依托于 ABAQUS 强大的接触功能定义,可有效模拟土体与结构物之间的接触特性,如模拟土体与结构物之间的脱离、滑移等情况。

④岩土工程中涉及复杂的地质、地貌条件,要求分析软件具备处理复杂边界、土层分布、载荷条件的能力,这些需求都能在 ABAQUS 中得到很好的满足。

⑤由于岩土工程中存在地应力的影响,要求分析软件能够考虑初始地应力的作用。ABAQUS 能够提供相应的分析步,在分析步中进行正确、灵活的仿真分析,从而建立起初始地应力的状态。

2.7.2　几何模型建立

建立的预制拼装锚杆格构梁的模型见图 2-49。为了便于模型的建立并加快分析速度,计算时选取具有代表性的 12m×12m 范围内的支护结构进行分析。坡高 10m,坡比为 1:0.5。

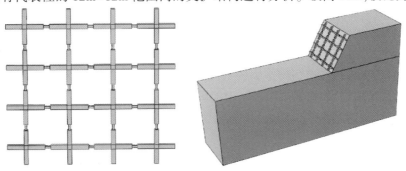

图 2-49　计算模型

预制拼装锚杆格构梁由预制十字梁单元、连接件、锚杆组成。其中,格构、连接件均采用 C3D8 实体单元模拟,锚杆采用 B31 三维线性梁单元模拟。

在边坡支护工程中,土体的影响范围在竖直方向一般取坡体高度的 2~4 倍,在水平方向从坡体的坡脚向外延伸,水平方向影响范围的取值为坡体高度的 2~3 倍。模型选取的边坡土体尺寸为 50m×12m×30m,沿着 y 方向,从上到下一共将土体按照其参数的不同划分为 4 层,合计 36176 个单元。

2.7.3　计算参数选取

考虑预制拼装锚杆格构梁构件的施工情况,为了尽可能真实地模拟构件的受力情况,并在一定程度上提高模型的计算效率,选取模型参数时做以下的假定:

①边坡土体和装配式支护结构均满足摩尔-库伦本构关系。

②预制拼装锚杆格构梁构件和锚杆与被加固的土体之间符合变形协调条件。

③为了加快模型的分析速度,并保证模型分析时尽可能收敛,建模过程中,忽略锚杆与格构梁之间的螺栓孔,重点考察构件与构件之间的连接关系。

④格构梁与坡体的接触关系定义为刚性接触且无摩擦。

⑤构件与构件连接处的连接件模拟,采用不同于构件参数的高等级材料(采用软件中的 C3D8 实体单元进行网格划分)。构件与连接件之间建立绑定约束,定义构件为主面,连接件为从属面,以达到模拟构件与连接件紧密连接的效果。连接件假定为线弹性材料,弹性模量取 200GPa,泊松比为 0.3。

⑥锚杆横、竖向间距均为 3m,插入角度为 15°,弹性模量为 200GPa,泊松比取 0.3,定义为弹性材料。由于锚杆的锚固段插入了土体,因此锚固段与边坡内土体的接触形式选择为嵌固约束;锚杆与预制拼装锚杆格构梁单元之间定义为刚性连接,且锚固力作用在十字装配式支护构件的中心处。建立模型时,对不同位置处的锚杆施加相应的预拉力。

2.7.4　边界条件

在实际的边坡支护工程中,边坡的顶面和边坡的底面都是客观真实存在的。在有限元分析软件中,为了实现对工况相对精确的模拟分析,需对模型施加一定的边界约束。对于装配式支护结构支护的边坡,需限制坡体前、后两个面的水平向位移及坡体左、右两个面的水平位移,坡底平面视为固结,限制边坡土体的水平向和竖向位移。坡顶的表面和坡体斜面则视为自由面,使土体可以实现水平和竖向的运动。针对锚杆单元,需要限制住其转动自由度,防止在土压力作用下发生转动。

模拟时,需要考虑到土体自重带来的土压力的影响。对于土体自重荷载,选取的重力加速度为 9.8m/s²。在锚杆和十字梁作用的节点处,施加设计计算得到的锚固力。在模型中以预应力场的形式添加锚固力,模拟锚杆受到的预张拉力。

2.7.5　计算结果分析

通过 ABAQUS 数值模拟软件建立预制拼装锚杆格构梁结构的模型,分析边坡土体在自重作用下产生的土压力对整个支护结构的影响及整个支护结构对边坡的加固效果;对预制拼装锚杆格构梁单元、拼接件、锚杆、边坡土体进行分析，进而论证预制拼装锚杆格构梁的适用性及可行性，并试分析预制拼装锚杆格构梁可完善之处。

2.7.5.1　边坡稳定性分析

有限元分析软件可依据用户事先定义的本构关系方程、边界条件、外部荷载对模型进行精准分析，通过一系列的分析计算，得到真实的破坏情景。相比于传统理论计算，可以最大限度地模拟实际中坡体破裂面不确定的情况。

使用有限元方法分析边坡整体稳定的方法主要有两种：一是直接使用强度折减法进行计算，二是通过极限平衡进行计算。

本研究通过模拟不同土体黏聚力 c 和内摩擦角 φ 工况下边坡土体失稳破坏的形式，进而确定土体的安全系数。在 ABAQUS 的材料属性中，定义一个随时间不断变化的场变量，观察某一点的位移变化情况，当该点的位移变化曲线出现拐点时，对应的场变量即为最小安全系数。应用强度折减法时，按照下式实现原始边坡土体强度指标不断减小：

$$c_{\mathrm{m}} = c/F_{\mathrm{r}} \tag{2-29}$$

$$\varphi_{\mathrm{m}} = \arctan(\tan\varphi/F_{\mathrm{r}}) \tag{2-30}$$

式中：c、φ——模拟时最初定义的土体的强度指标；

c_{m}、φ_{m}——土体临近破坏时土体强度指标；

F_{r}——安全系数。

当边坡土体中出现某个土体单元的应力超出屈服面时，土体就会出现连续的滑动面，继而发生失稳破坏，而此时的 F_{r} 就是边坡的安全系数。

分析过程如下：

①模拟边坡在被加固之前的状态。在 ABAQUS 中根据强度折减法得到的原始边坡安全系数为 0.711，理论计算得到的原始边坡安全系数为 0.404。

②模拟采用预制拼装锚杆格构梁加固的边坡，在 ABAQUS 中根据强度折减法得到的边坡安全系数为 1.438，理论计算得到的边坡安全系数为 1.317。

综上，理论计算得到的安全系数比使用强度折减法得到的安全系数要小 8.14%。在一定程度上，理论计算可能出现设计偏于保守的情况，导致支护结构用料增加，出现不必要的浪费。

整体变形云图见图 2-50，竖向位移云图见图 2-51，可以看出加固后的坡体处于稳定状态，预制拼装锚杆格构梁限制了土体的下滑。

2.7.5.2　预制拼装锚杆格构梁体系受力与变形分析

预制拼装锚杆格构梁结构的应力云图见图 2-52。由该图可以看出，从上到下，预制拼装锚杆格构梁结构应力逐渐增大，在第三排与第四排格构单元的连接处，最大应力达到 77.61MPa。

预制拼装锚杆格构梁结构位移云图见图 2-53。由该图可以看出，从下到上，预制拼装锚杆格构梁结构位移不断增大，与理论计算得到的趋势相一致。位移最大处的位移值为 10.4mm，而边坡的位移为 11.3mm，两者近似，说明支护结构能够与边坡的变形相协调，起到了约束边坡的作用。

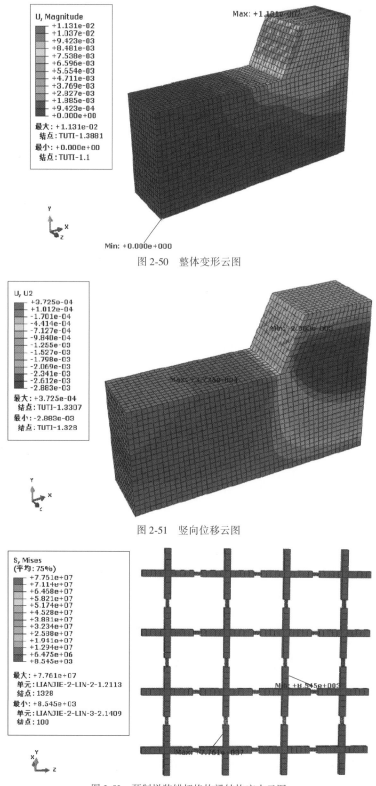

图 2-50　整体变形云图

图 2-51　竖向位移云图

图 2-52　预制拼装锚杆格构梁结构应力云图

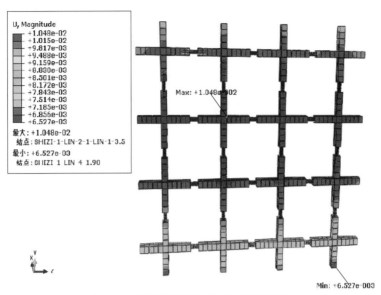

图 2-53　预制拼装锚杆格构梁结构位移云图

预制拼装锚杆格构梁单元应力云图见图 2-54。由该图可以看出,从上到下,预制拼装锚杆格构梁混凝土格构单元所受的内力逐渐增大。十字形构件中,距离锚杆较远的部分受力较小,距离锚杆越近则受力越大。因此,设计十字形混凝土构件时,要预防锚固力对构件中心点处产生剪切破坏。

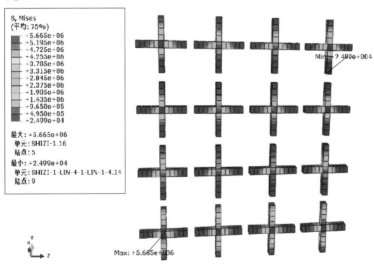

图 2-54　预制拼装锚杆格构梁混凝土格构单元应力云图

2.7.5.3　连接件分析

对预制拼装锚杆格构梁结构的连接处进行分析。由于混凝土梁之间采用不同材料属性的连接件,会产生一定的应力集中效应。连接件单元应力云图见图 2-55。由该图可知,埋置在混凝土梁内的连接件受到的内力与格构梁一致;从上到下,连接处构件受到的内力不断增大,最大应力出现在第三排格构梁与第四排格构梁相连接处,此处的最大值为 77.61MPa。

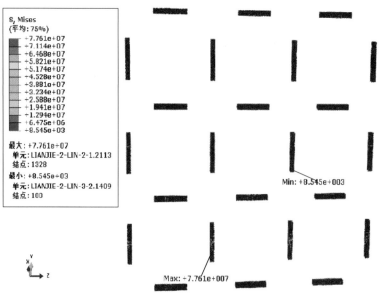

图 2-55　连接件单元应力云图

选取内力最大处的连接件进行分析,其应力云图如图 2-56 所示。在锚固力与坡体土压力的联合作用下,预制拼装锚杆格构梁发生变形,连接件处于受拉状态。从图中可以看到,连接件的应力最大值为 77.61MPa,小于材料抗拉强度(215MPa)。说明此时连接件尚未发生屈曲,且有较大的安全储备。

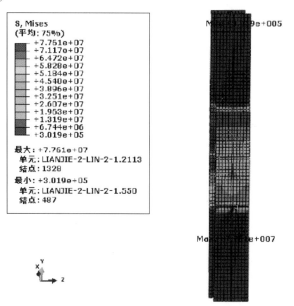

图 2-56　连接件应力云图

2.7.5.4　锚杆受力分析

在模型中,锚固段与坡体建立嵌固联系,而自由段不与坡体之间建立任何联系。在工作机理上,只有锚固段才能起到传递剪力作用,而锚杆的自由段仅能实现轴向力的传递。如

图 2-57 所示,在同一高程处,锚杆所受轴力情况一致;不同位置处的锚杆的最大轴力均出现在自由段,且锚固段的轴力沿锚固长度不断变小,锚杆末端轴力基本为零。

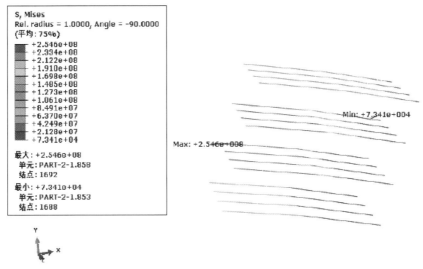

图 2-57　锚杆应力云图

2.8　与现浇锚杆格构梁的对比分析

2.8.1　现浇锚杆格构梁工作性状分析

将预制拼装锚杆格构梁单元连接构件以现浇钢筋混凝土梁替代,进行与现浇锚杆格构梁的分析对比,如图 2-58 所示。

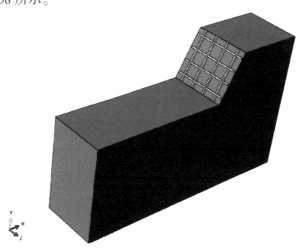

图 2-58　现浇锚杆格构梁加固边坡模型

现浇锚杆格构梁的应力云图见图 2-59。最大值出现在第四排格构梁的中心处,为 4.5MPa;最小值出现在第一排格构梁末端,为 8.4kPa。从该图可以看到,现浇锚杆格构梁在连接处没有出现应力集中,格构梁的内力从各锚固中心向边缘逐渐减小。

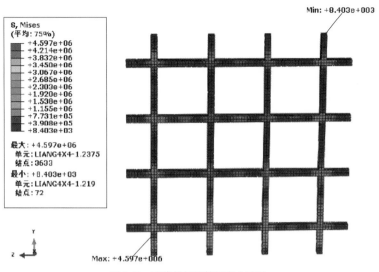

图 2-59　现浇锚杆格构梁应力云图

现浇锚杆格构梁变形云图见图 2-60。

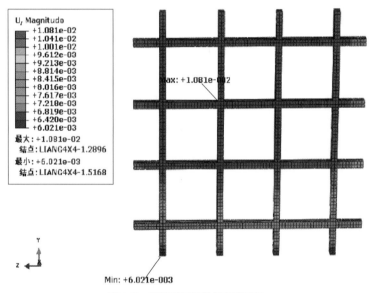

图 2-60　现浇锚杆格构梁变形云图

2.8.2　对比分析

格构梁是与坡体直接相互作用的受力构件,其内力变化规律会直接影响整个支护结构的稳定性能。对格构单元经理正 6.5 软件计算得到的规范值(简称"规范值")、预制拼装锚杆格构梁单元在 ABAQUS 软件中的模拟值(简称"装配式模拟值")、现浇式锚杆格构单元在 ABAQUS 软件中的模拟值(简称"现浇式模拟值")进行对比分析。

2.8.2.1　剪力对比分析

计算三种方案下的剪力值,在格构梁的每根梁上单独进行比较,如图 2-61、图 2-62 所示。

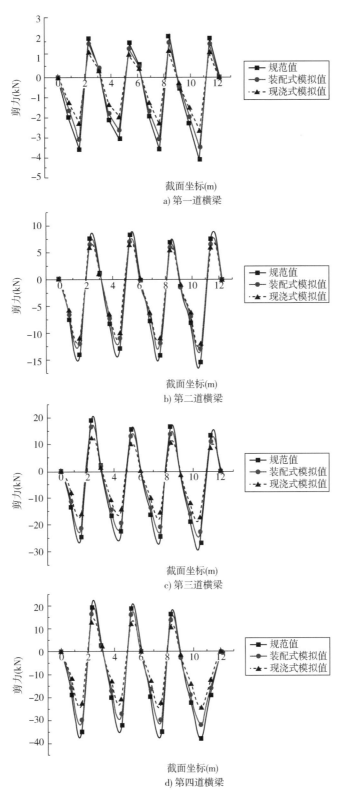

a) 第一道横梁

b) 第二道横梁

c) 第三道横梁

d) 第四道横梁

图 2-61 横梁剪力对比分析

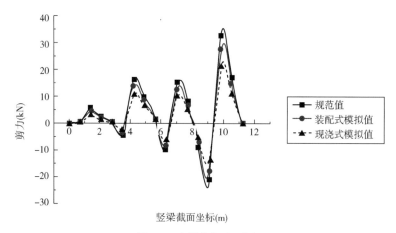

图 2-62　竖梁剪力对比分析

经过比较分析发现:不同方案中,剪力的最大值均出现在第四排横梁上。最大剪力值的规范值为 19.5kN,装配式模拟值为 16.58kN,现浇式模拟值为 12.68kN;剪力的最小值也出现在第四排横梁,最小剪力值的规范值为 -37.76kN,装配式模拟值为 -32.10kN,现浇式模拟值为 -24.54kN。总体来说,预制拼装锚杆格构梁单元的剪力分布与现浇锚杆格构梁单元的分布情况较为接近;由于剪力在预制拼装锚杆格构梁单元之间传递效果不如现浇锚杆格构梁的传递效果好,所以预制拼装锚杆格构梁单元的剪应力比现浇锚杆格构梁单元的剪应力略大。由于无法考虑整体的受力效果,理正软件计算的剪力值整体偏大,计算结果趋向于保守。

比较预制拼装锚杆格构梁单元与现浇锚杆格构梁单元的剪力变化情况,可以发现两种结构在不同位置处变化趋势基本一致,横梁的剪力极值均出现在格构单元的中心位置处。说明装配式格构之间的连接起到了一定的连接效果,将格构单元连接成一个整体,起到了支护效果。

2.8.2.2　弯矩对比分析

计算三种方案下的格构梁弯矩值,并在格构梁的每根梁上单独进行比较,如图 2-63、图 2-64 所示。

经过比较分析发现:不同方案下,从第一排到第四排,横梁弯矩均逐渐增大,最大值均出现在第四排横梁上。最大弯矩值的规范值为 9.23kN·m,装配式模拟值为 7.85kN·m,现浇式模拟值为 6.00kN·m;最小弯矩值的规范值为 -27.78kN·m,装配式模拟值为 -23.16kN·m,现浇式模拟值为 -18.06kN·m。

观察竖梁弯矩变化趋势,在坡体土压力和锚固力的作用下,从上到下,竖梁弯矩逐渐增大,最大弯矩值的规范值为 23.33kN·m,装配式模拟值为 19.83kN·m,现浇式模拟值为 15.16kN·m。

对比分析发现,按规范计算得到的弯矩值偏大,计算结果相对保守;预制拼装锚杆格构梁单元的弯矩变化趋势与现浇锚杆格构梁单元接近,说明连接节点起到了良好的传递效果,使预制拼装锚杆格构梁单元组成一个整体框架,对边坡发挥支护作用。

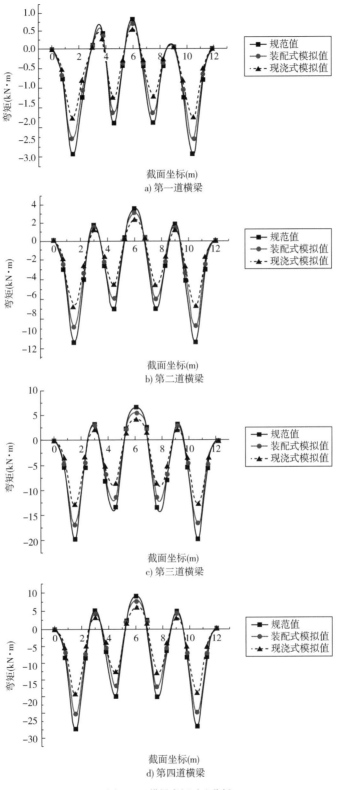

a) 第一道横梁

b) 第二道横梁

c) 第三道横梁

d) 第四道横梁

图 2-63　横梁弯矩对比分析

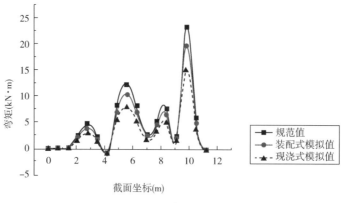

图 2-64 竖梁弯矩对比分析

对上述计算结果进行分析,可以看出,按照规范要求设计支护结构时,得到的计算结果比有限元数值模拟结果大。设计时如果采用规范值,可能造成一定程度的材料浪费。预制拼装锚杆格构梁单元的应力分布与现浇锚杆格构梁单元的应力分布有着相同的趋势,且小于理论计算得到的数值,说明预制拼装锚杆格构梁单元能够满足边坡支护的需求。经数值模拟,分析预制拼装锚杆格构梁构件的位移变化规律和内力分布的情况,发现格构梁最不利工况出现在第四排横梁位置,即距离坡脚 $1/5H$(H 为边坡高度)处左右,进行边坡支护方案设计时应予以注意。

2.8.2.3 质量与效益分析

通过前期试验段总结,新型预制拼装混凝土格构锚固技术在产品质量(图 2-65)、环境友好、节省工期(表 2-1、表 2-2)、工业化水平等方面均比传统现浇工艺有明显优势(表 2-3)。

图 2-65 现浇与预制产品质量对比

现 浇 施 工 工 期   表 2-1

序　　号	工 序 名 称	用时(h)
1	边坡修整	8
2	搭脚手架	6

序　号	工 序 名 称	用时(h)
3	锚杆钻孔	24
4	清孔及锚杆注浆	18
5	开挖沟槽	36
6	钢筋制作安装	56
7	模板安装加固	35
8	浇筑混凝土	24
9	覆盖养护	34
10	拆除模板	16
11	土工回填	24
总计		281

预制拼装工艺施工工期　　　　　　　　　　　　　　　表 2-2

序　号	工 序 名 称	用时(h)
1	边坡修整	8
2	搭脚手架	6
3	锚杆钻孔	24
4	清孔及锚杆注浆	18
5	开挖沟槽	36
6	预制构件运输	12
7	构件现场拼装	18
8	土工回填	24
总计		146

两种工艺整体效益对比　　　　　　　　　　　　　　　表 2-3

对 比 项	现　浇	预制拼装
施工工法	施工现场需要挖槽、支模板、绑扎钢筋、现场浇筑、养护等,工序较多,施工过程整体机械化程度低	工厂工业化生产,现场直接拼装,湿作业少,施工周期短,构件质量有保证,经济环保
环境影响	湿法作业,对环境污染大	干法作业,对环境污染小
质量问题	现场浇筑工序较多,影响因素多,使得施工质量得不到保障	工厂工业化生产,构件质量有保证
施工机械	常规机械	需要大型运输、吊装机械
预制场地	不需要	现场附近需具备预制场地,缩短运距
工期	整体工期长	节约50%以上
综合造价	100%	约112%

第3章

新型预制拼装混凝土格构锚固施工工艺

3.1 采用现浇接缝的新型预制拼装混凝土格构锚固施工工艺

采用现浇接缝的新型预制拼装混凝土格构锚固施工工艺见图3-1。

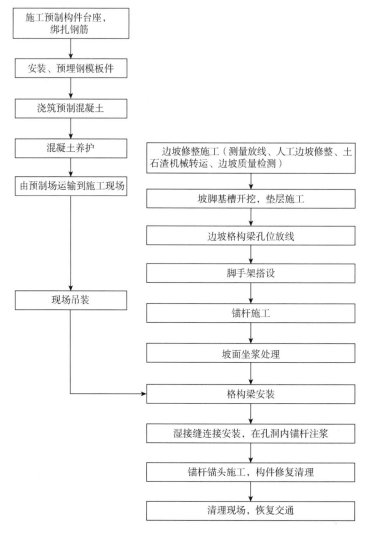

图 3-1 采用现浇接缝的新型预制拼装混凝土格构锚固施工工艺

3.1.1　预制施工准备

3.1.1.1　模板制作

1）模板设计

根据格构梁预制拼装的分解形式,分成十字形预制格构梁和 T 字形预制格构梁两种,在具体模板设计中需考虑格构梁在伸缩缝侧和相互连接侧的不同。模板设计包括下列主要内容:绘制模板、细部构造图,编制模板的安装程序;编制模板安装、运输、拆卸保养等有关技术安全措施和注意事项;编制模板的设计说明书。

2）材料要求

①制作模板所需原材料(钢板、型钢等材料)应符合现行国家标准要求。

②模板所用钢板、连接件、焊接件、预埋件的材料、规格、型号应符合设计要求及相关标准。

3）施工机具与设备

应准备以下施工机具与设备:

①模板加工制作设备、焊接设备。

②模板运输车辆,模板吊装机械(吊车),模板安装工具(扳手、撬杠、手锤等)。

③模板检查、检测仪器工具(全站仪、经纬仪、水平仪、水平尺、线坠、靠尺、方尺等)。

4）模板制作

①从平钢板开始,通过矫正、切割、钻孔、磨削、坡口加工形成零件。

②根据模板的结构形式,组装、焊接上述零件,最后除锈、涂装。

③对钢模板成品进行检验,面板变形应符合规范规定。

3.1.1.2　钢筋加工

1）材料要求

①混凝土结构所用的钢筋的品种、规格、性能等应符合设计要求和现行国家标准。

②钢筋应按进场的批次进行检查和验收,检验合格后方可使用。

③在运输、储存钢筋时,不得损坏标志。存放时应按钢筋类型、直径、钢号、批号、厂家等条件分类堆放,设分类标志牌,不得混淆;应避免锈蚀和污染;一般应架空置于地面 0.3m 以上,盖防雨布。码放时,应剔除外观检查不合格的钢筋。

④钢筋的级别、种类和直径应符合设计要求。当需要替换时,应由原设计单位做变更设计。

⑤工厂应对运进的钢筋进行检验,作为本批钢筋的使用依据。

⑥经检验合格的钢筋在加工和安装过程中出现异常现象(如脆断、焊接性能不良或力学性能显著不正常等)时,应进行化学成分分析。

⑦当对钢筋质量或类别有疑问时,应根据实际情况进行抽样鉴定,并不得用于主要承重结构的重要部位。

⑧焊接用电焊条应与钢材强度相适应,焊条质量应符合现行《碳钢焊条》(GB/T 5117)的规定。

2)施工机具与设备

①钢筋加工设备(钢筋切断机、钢筋弯曲机、钢筋调直机、电焊机),钢筋网、钢筋笼运输设备(运输汽车)、吊装设备(吊车)等。

②钢筋绑扎工具(钢筋钩、石笔、墨斗、钢尺、撬棍等)。

3)钢筋加工

①对生锈钢筋,需进行除锈处理。对弯曲或变形的钢筋,需进行调直处理。

②根据计算的下料长度进行切断。采用钢筋切断机进行钢筋切割。

③钢筋按下料长度切断后,根据弯曲设备特点及钢筋直径、弯曲角度画线,以便弯曲成设计的尺寸和形状。

3.1.1.3 混凝土制备

1)水泥混凝土材料

(1)水泥

格构梁混凝土宜选用普通硅酸盐水泥。混凝土受侵蚀性介质作用时应使用适应介质性质的水泥。选用水泥时,应注意其特性对混凝土结构强度耐久性和使用条件是否有不利影响。应以能使所配制的混凝土强度达到要求、收缩小、和易性好以及节约水泥为原则。水泥品种、强度等级和性能指标应符合现行《通用硅酸盐水泥》(GB 175)规定。

水泥进场后,应按品种、级别、证明文件以及出厂时间等情况分批进行检查验收,对强度、安定性及其他必要的性能指标进行复验。散装水泥的运输应采用专用水泥运输车。散装水泥应采用水泥储罐存储,不同品种、级别的水泥应分别储存。储存散装水泥时,应采取措施(搭棚、加罩等)降低水泥的温度或防止水泥升温。当在使用中对水泥质量有怀疑或水泥出厂超过 3 个月(快硬硅酸盐水泥超过 1 个月)时,应重新取样检验,按复检结果使用。

(2)细集料

格构梁用混凝土的细集料应采用级配合理、质地均匀、坚硬、颗粒洁净、吸水率低、空隙率小的河砂。河砂不易得到时,也可采用硬质岩石经专用设备加工而成的机制砂。不宜使用山砂,不得使用海砂。宜优先选用中砂。当选用粗砂时,应提高砂率并保证足够的水泥用量,以满足混凝土的和易性;当选用细砂时,宜适当降低砂率。

(3)粗集料

格构梁混凝土用的粗集料应选用级配合理、粒形良好、质地坚硬、线膨胀系数小的碎石,也可采用碎卵石,不宜采用砂岩碎石。

粗集料应按产地、类别、加工方法和规格等不同情况,分批进行检验。机械集中生产时,每批不宜超过 400m^3;人工生产时,每批不宜超过 200m^3。粗集料的试验可按现行《普通混凝土用砂、石质量及检验方法标准》(JGJ 52)执行。

当粗集料为碎石时,碎石的强度用岩石抗压强度表示,且岩石抗压强度与混凝土强度之比不小于 1.5。施工过程中可用粗集料的压碎值控制。

粗集料的颗粒级配可采用连续级配或连续级配与单粒级配合使用。在特殊情况下,通过试验证明存在混凝土离析现象时,也可采用单粒级。粗集料的颗粒级配范围应符合现行《普通混凝土用砂、石质量检验方法标准》(JGJ 52)的有关规定。

粗集料最大粒径按混凝土结构及施工方法选取,但最大粒径不得超过钢筋混凝土保护层厚度的 2/3;在 2 层或多层密布钢筋结构中,不得超过钢筋最小净距的 1/2。配制强度等级 C50 及以上的预应力混凝土时,粗集料最大公称粒径(圆孔)不应大于 25mm。用混凝土泵运送混凝土的粗集料最大粒径,除应符合上述规定外,还应符合混凝土泵制造厂的规定。

集料在生产、采集、运输与储存过程中,严禁混入影响混凝土性能的有害物质。集料应按品种、规格分类堆放,不得混杂。在装卸及存储时,应采取措施,使集料颗粒级配均匀,并保持洁净。

(4)外加剂

外加剂应采用减水率高、坍落度损失小、适量引气、能明显改善或提高混凝土耐久性的质量稳定产品,应经过有关部门检验并附有合格证明,其质量应符合现行《混凝土外加剂》(GB 8076)的规定。

外加剂的品种及掺量应根据混凝土性能要求、施工方法、气候条件、混凝土所采用的原材料及配合比等因素,经试验并通过技术、经济比较确定。使用前应复验其效果。当使用 1 种以上的外加剂,应经过配比设计并按要求加入混凝土拌合物中。不同品种的外加剂应做标识,分别储存。在运输与存储时,不得混入杂物和受污染。

2)混凝土配合比选定

①混凝土配合比应根据混凝土原材料品质、设计强度等级、混凝土的耐久性要求以及施工工艺对工作性能的要求(混凝土施工和易性等),通过试配、调整等步骤选定。格构梁混凝土原材料配合比和制备应符合现行《混凝土结构工程施工规范》(GB 50666)的相关规定。

②混凝土配合比应根据设计要求,按使用环境、使用寿命选用。当混凝土的力学性能或耐久性能试验结果不满足设计或施工要求时,应重新根据相关标准选择混凝土配合比参数,重新试拌、调整混凝土配合比,直至满足要求为止。当混凝土的原材料品质、施工环境气温发生较大变化时,应及时调整混凝土的配合比。

③制成的混凝土应符合强度、耐久性等质量要求,配制的混凝土拌合物应满足施工要求。

④混凝土配合比应按现行《普通混凝土配合比设计规程》(JGJ 55)计算,并通过试配确定。

⑤为提高混凝土的耐久性、改善混凝土的施工性能和抗裂性能,水泥混凝土中可适量掺加优质的粉煤灰、磨细矿渣粉或硅粉等矿物掺合料。矿物掺合料的掺加量应根据混凝土性能通过试验确定。一般情况下,矿物掺合料掺量不宜小于胶凝材料总量的 20%。当混凝土中粉煤灰掺量大于 30%时,混凝土的水胶比不大于 0.45。

⑥C30 及 C30 以下混凝土的胶凝材料不宜多于 400kg/m³,C35~C40 混凝土的胶凝材料不宜多于 450kg/m³,C50 及以上混凝土的胶凝材料不宜多于 500kg/m³。

⑦在碳化、化学侵蚀、冻融、氯盐、磨蚀等环境条件下使用的钢筋混凝土结构,其混凝土的水胶比、胶凝材料用量应满足相关标准。

⑧混凝土中宜掺加符合设计规定要求且能提高混凝土耐久性能的混凝土外加剂。

⑨混凝土中掺用外加剂的质量及应用技术应符合现行《混凝土外加剂》(GB 8076)、《混凝土外加剂应用技术规范》(GB 50119)等标准和有关环境保护的规定。

⑩混凝土的坍落度宜根据施工工艺要求确定。在条件许可的情况下,应尽量选用低坍落度的混凝土。坍落度测定方法应符合现行《普通混凝土拌合物性能试验方法标准》(GB/T 50080)的规定。

3.1.2 工厂预制

3.1.2.1 施工预制构件台座,绑扎钢筋

建造格构梁预制台座,或利用预制厂中已有的台座。在预制场按照钢筋图绑扎钢筋笼钢筋。下料时先核对钢筋种类、直径、尺寸、数量,计算下料长度,然后将其截断,在弯筋机的平台上弯制钢筋,通过平台定位线控制弯制钢筋形状和尺寸。之后绑扎纵梁和横梁中的主筋和箍筋,形成 T 字格构梁钢筋笼和十字格构梁钢筋笼(图 3-2)。

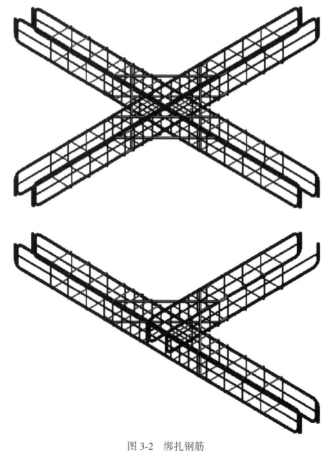

图 3-2 绑扎钢筋

3.1.2.2 安装钢模板和预埋件

根据 T 字格构梁和十字格构梁构造图,设计预制构件模板,按模板设计图纸制作并安装

钢模板(图 3-3)。T 字格构梁和十字格构梁的端模板需预留孔洞,便于伸出在接缝处的环形钢筋。将钢筋笼安装在钢模板中,再安装端模板,而后用胶带将端模孔洞封闭密实。清洁钢模板内表面,涂刷脱模剂。在钢筋笼的最外侧钢筋与钢模板间设置保护层垫块,预留净保护层。在横梁、纵梁交叉点处预留穿入锚杆的孔道,在其上表面预埋锚杆锚具的垫板,可通过焊接短钢筋将其与钢筋笼固定。

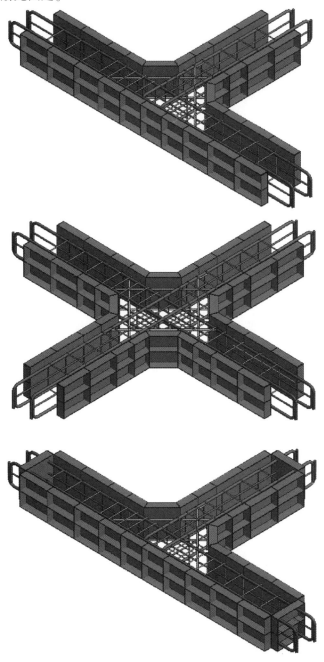

图　3-3

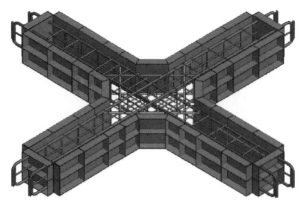

图 3-3　安装钢模板和预埋件

3.1.2.3　浇筑混凝土

在浇筑混凝土之前应进行钢筋的隐蔽工程验收,钢筋的数量、位置和连接方式应符合设计要求,预埋件的规格、数量和位置应符合设计要求。检查 T 字格构梁和十字格构梁的模板接缝、拉杆螺栓、模板连接螺栓,确保模板安装牢固。浇筑混凝土时均匀、连续下料,使用振动台振捣。混凝土浇筑工作一旦开始,中间不能中断。在混凝土预制构件水平高度处,对浇筑的混凝土表面进行抹面、找平和抹光处理。预制 T 字格构梁和十字格构梁时,也可以采用相反方向预制,用于锚杆锚固的预埋件放在底部,也就是台座上,这样有利于保证预制构件的上表面光滑,也有利于预埋件固定和定位准确(图 3-4)。

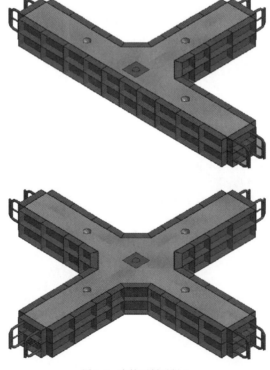

图 3-4　浇筑预制混凝土

3.1.2.4　预制混凝土养护

对浇筑的混凝土 T 字格构梁和十字格构梁进行养护。蒸汽养护是缩短养护时间的方法之一,一般宜用 65℃ 左右的温度蒸养。混凝土在较高湿度和温度条件下,可迅速达到要求的强度。

蒸汽养护分为四个阶段:

①静停阶段:混凝土浇筑完毕至升温前,在室温下先放置一段时间。这主要是为了增强混凝土对升温阶段结构破坏作用的抵抗能力,一般需 2~6h。

②升温阶段:混凝土由原始温度上升至恒温阶段,这一过程为升温阶段。温度急速上升会使混凝土表面因体积膨胀太快而产生裂缝,因而必须控制升温度速度,一般为 10~25℃/h。

③恒温阶段:这是混凝土强度增长最快的阶段。恒温的温度随水泥品种而异,普通水泥的养护温度不得超过 80℃,矿渣水泥、火山灰水泥的养护温度可提高到 85~90℃。

④降温阶段:在降温阶段内,混凝土已经硬化,如降温过快,混凝土会产生表面裂缝,因此应控制降温速度。一般情况下,构件厚度在 10cm 左右时,降温速度不大于 20~30℃/h。

为了避免由于蒸汽温度骤然升降而引起混凝土构件产生裂缝变形,必须严格控制升温和降温的速度。出养护室的构件温度与室外温度相差不得大于 40℃。

对于预制构件不承重的侧面模板,应在混凝土强度能保证其表面和棱角不因拆模而受损坏后方可拆除。拆除模板后,应将模板表面灰浆、污垢清理干净,并维修整理,在模板上涂抹脱模剂,等待下次使用。拆除后应及时清理现场,模板堆放整齐。

3.1.3　边坡锚杆施工

3.1.3.1　坡面清理

人工清除坡面和边坡四周杂草、植被和浮土。分类堆放清除掉的杂草、植被、浮土,及时用弃运车运送至指定弃土场,严禁随意堆放、丢弃。坡面清理施工应遵循"信息法"施工的原则,勤监测、勤巡视,及时反馈信息,根据变化的情况指导施工。

3.1.3.2　坡脚基础开挖及垫层施工

安装格构梁前应测放出框架纵梁、横梁位置及施工作业起始范围,经监理工程师验收后方可开挖格构梁沟槽。人工开挖基槽,用水泥砂浆做垫层。垫层面应保持同一平面,保证底梁与垫层接触密切,不得出现空隙,垫层厚度为 20mm。

3.1.3.3　边坡格构梁锚孔孔位放线

根据施工图纸和坡脚基准线定位放线,确定锚杆孔中心位置和高程。测量顺序为由坡顶向坡脚,根据不同预制格构梁尺寸,用全站仪和水准仪确定其孔位,每孔位的测定以前一孔位位置为基础,并用第一孔位进行复核。测量精度应满足三等水准测量标准,测定的孔位应使用油漆做标记。孔位放线定位后应进行孔位复核,孔位偏差不大于 20mm。

3.1.3.4　脚手架搭设

脚手架施工设计应满足钻孔机械设备荷载、冲击、振动及操作人员荷载等的承载力要求。

搭设过程应严格按规范进行。脚手架底部应置于稳定的基础上,脚手架立柱底部设置垫板或混凝土垫块,采用扣件连接件紧贴坡面双排搭设,作业平台宽度约2m。双排脚手架纵、横向均应设置扫地杆,扫地杆距地200~300mm。上部采用剪刀撑及短横杆加以固定,确保脚手架整体稳定,立杆和横向连系杆间距不超过2.5m。施工中不得超载,不得在模板上集中堆放物料,作业平台必须在脚手架宽度范围内铺满、铺稳。搭设完成后进行自检,确认合格无误后报监理工程师验收,验收合格后方可进行施工作业。

3.1.3.5 钻孔

锚孔测量定位后,在脚手架平台上安装钻机,根据坡面孔位调整钻机位置及下倾角度。钻孔应采用风动干钻钻进,严禁冲水钻进。钻孔与水平面的夹角按设计倾角施工,锚孔的斜度偏差不超过±2°。钻进过程中应依据遇到的岩土层选择合适的钻进机具,土质地层采用螺旋钻,岩石地层采用冲击钻,破碎岩层或松散易塌孔地层中采用跟管钻技术。钻孔纵、横误差不得超过±5cm,高程误差不得超过±10cm。钻孔过程中做现场施工记录。钻孔应超钻50cm作为孔底沉渣段。钻进达到设计深度后不能立即停钻,要求稳钻1~2min,防止孔底塌孔变形。钻孔完成后,应使用高压空气清孔,风压力0.2~0.4MPa,将孔内岩粉及水体全部清出孔外,清孔顺序自上而下。清孔完成后,应将孔口暂时封堵,避免碎屑杂物进入边坡锚孔内。

3.1.3.6 在孔洞内植入锚杆

锚杆所用钢筋必须符合现行《钢筋混凝土用钢热轧带肋钢筋》(GB 1499)和设计要求,具有生产厂的合格证并经复试合格。钢筋不得有锈蚀、裂纹、断伤和刻痕。锚杆下料要满足孔内设计长度和锚固安装长度要求。

在钢筋加工棚制内制作加工锚杆,采用砂轮机切割下料。安装前一端应按设计要求车丝,长度不小于7mm,对车丝段采取保护措施直至锚固螺栓安装,锚杆放置在成品架上,对每根锚杆进行编号,与锚杆孔编号相对应。用自卸车将加工好的锚杆运至施工现场。锚杆安装前检查边坡锚孔是否完好,若有塌孔、掉块应先行清理或处理。再次认真核对锚孔编号,确定无误后再用高压风清孔,之后安装锚杆(图3-5)。锚杆入孔时不得转动,用力应均匀。锚杆安装完成后进行防锈处理和保护。

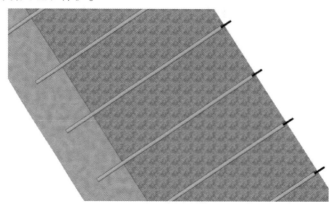

图 3-5 打设锚杆

3.1.3.7　坡面坐浆处理

锚杆施工后清理坡面和槽底碎石、杂土。根据锚杆孔位,测量放出纵、横梁中线位置,保证各条纵、横梁中心位置高程平齐。沿各条纵、横梁中心位置,用水泥砂浆抹面整平坡面,宽度 300mm,厚度 100mm。

3.1.4　运输

运输前,应根据施工进度安排和天气状况确定运输时间和路线,了解运输路线道路交通情况。

预制格构梁养护达到设计强度后,方可从养护区转运到现场堆码区堆码。

装卸构件时,应采取保证车体平衡的措施。T 字格构梁和十字格构梁应分类运输,每个运输架放置不超过 2 个构件(图 3-6),在构件与运输架的接触面设置减震和防止摩擦的橡胶垫,以免预制构件受损。用绳索固定预制构件,防止运输过程中预制构件发生滑移。对伸出钢筋和接头采取保护措施。

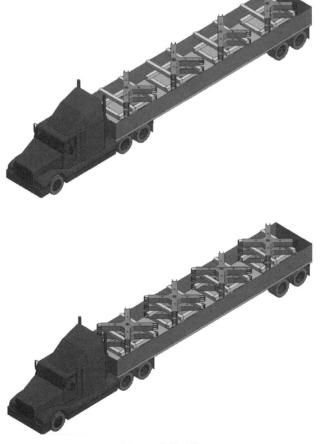

图 3-6　构件运输

运输车辆应缓慢启动,车速均匀,拐弯变道时要减速以防构件倾覆。

3.1.5　现场吊装

3.1.5.1　吊装注意事项

吊装注意事项如下:

①起重吊装作业前,实地考察吊装现场,与主要操作人员制定切实可行的吊装方法和安装措施,保证作业安全,避免盲目施工。在施工前要将起重吊装方案向操作人员交底。吊装施工方案、交底内容应包括人员配置、起重机械的选择、吊装技术方法、起重运行路线、构件平面布置、运输、堆放、施工安全措施等。

②严格执行安全技术措施。

③排除对吊装产生不利影响的环境因素。对吊装工作产生较大不利影响的因素有:电气线路、风力、场地不平、高温、易燃易爆物质等。

④吊点设置:在预制十字梁竖杆的三分之一处设置 1 个吊点,吊索与构件水平夹角不宜大于 60°,不应小于 45°。

⑤指挥信号标准化,起重吊装指挥必须按规定的标准进行联络。

⑥选择安全位置。起重吊运过程中,为防止吊物冲击、摇摆、跨越作业区,必须根据作业区的具体条件选择安全位置,以有效预防起重伤害。

⑦如果地基承载力不足,需要加固处理。如果有地面有坡度,需整平。

3.1.5.2　预制格构梁起吊、就位

预制格构梁起吊采用不小于 25t 汽车式起重机。每块构件设置 3 个吊点,吊点采用吊钉形式;用鸭嘴吊扣钢丝绳与吊钉连接,吊绳与构件角度不小于 45°,且不大于 60°。起吊预制构件至地面(或运输车平台顶)以上 500mm,检查构件外观质量和吊钉连接无误后方可继续起吊。

构件起吊应采用双钩方式,确保预制格构梁与坡面平行。起吊时,应匀速缓慢,吊至临近坡面 600mm 左右时,牵引构件就位,缓慢下降至坡面,防止构件摆动、碰撞、破坏。

之后按由下而上的吊装顺序,先安装 T 形底梁,连接牢固,然后安装上层十字格构梁,使 T 字格构梁和十字格构梁梁体单元与坡面能紧密贴合至边坡坡面设定的位置。每块格构梁吊装就位后,调整湿接头长度为 300mm,并确保每块格构梁横平竖直,每块预制格构梁调整就位后,立即施加竖向临时支撑。当构件未安装支撑时,严禁摘除吊绳。

3.1.5.3　预制格构梁临时支撑

在预制格构梁吊装就位后,采用直径不小于 20mm 的 HRB400 螺纹钢筋在横向和竖向连接结点与主筋焊接,作为临时支撑。焊接临时支撑后,应进行检查,合格后方可安装下一块预制构件。

3.1.6　湿接缝连接施工

3.1.6.1　钢筋绑扎与模板安装

将两个环形箍筋竖直插入交叉环筋中,并且用扎丝将两个环筋箍筋绑扎(图 3-7)。横向湿接缝模板安装在预制构件上表面和底部,竖向湿接缝模板安装在预制构件两侧,模板紧贴预制构件表面,与预制构件顶部齐平,并用螺栓固定。模板表面需清洁干净,并涂脱模剂。

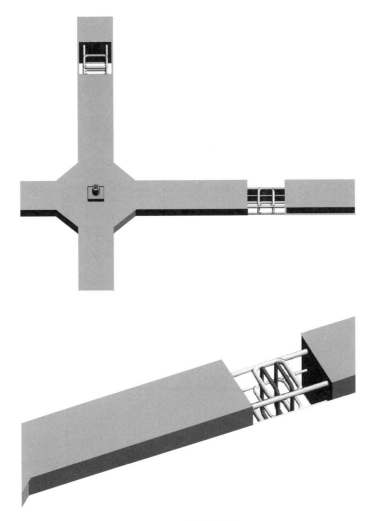

图 3-7　现场钢筋绑扎

3.1.6.2　混凝土浇筑

采用比预制构件混凝土抗压强度等级高一级的 C35 微膨胀细石商品混凝土,沿着钢筋密集处缓慢灌注(图 3-8)。用振捣棒将混凝土振捣密实,振捣时不应接触模板。振捣后收浆抹平。

图 3-8　混凝土浇筑

3.1.6.3　混凝土养护

在格构梁接头混凝土还保持湿润时,覆盖养护,拆模时间不少于 24h。为提高混凝土的早期强度,加速模板周转,应该保持薄膜布内有凝结水。拆模后修补缺陷部分,再次用薄膜布覆盖养护,把混凝土表面敞露的部分全部严密地覆盖起来,保证混凝土在不失水的情况下得到充足的养护,养护时间不少于 3d。将 T 字格构梁和十字格构梁单元相互拼接,形成由多个"井"字形拼合而成的框架格构梁。

3.1.7　锚杆锚头施工

在锚杆锚头施工前,需保证锚杆与预制构件表面垂直,以便锚头顺利安装并且受力可靠。在每个预制十字格构体单元的锚固孔内插入注浆管进行孔道压浆。注浆分为两次,第一次为常压注浆,第二次注浆压力不低于 2.0MPa,注浆至预制构件表面,顶部设置锚固板。在预制十字格构梁上的露出锚头安装垫板,再在锚杆头使用螺母锁紧(图 3-9)。对拧紧后的锚头进行防锈处理。最后,在垫板、锚杆和螺母处填充封锚混凝土进行保护。

3.1.8　伸缩缝施工

顺着边坡路线方向每 10 ~ 12m 设置 1 条伸缩缝,在两个边缘构件旁放置橡胶垫片(图 3-10),满足伸缩、沉降的要求。

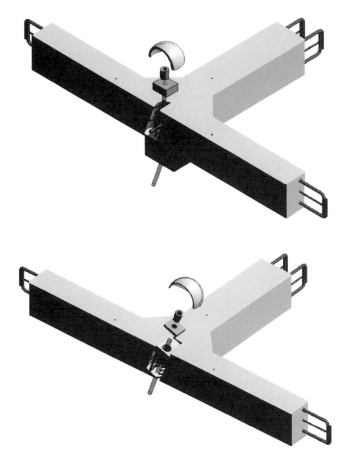

图 3-9　锚头施工

图 3-10　伸缩缝施工

3.1.9 构件修复、清理

构件封锚后,修复构件表面缺陷,清理构件表面砂浆、混凝土等杂物。

3.2 采用灌浆套筒连接的新型预制拼装混凝土格构锚固施工工艺

采用灌浆套筒连接的新型预制拼装混凝土格构锚固施工工艺如图 3-11 所示。

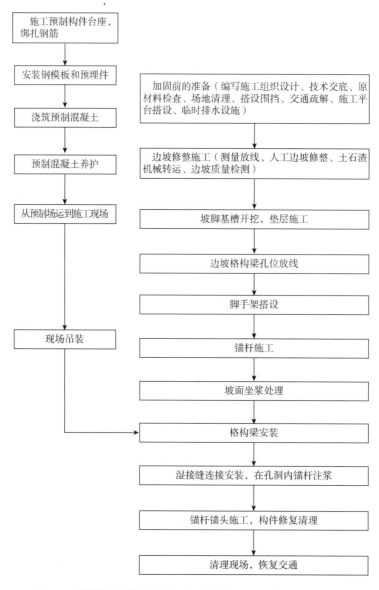

图 3-11 采用灌浆套筒连接的新型预制拼装混凝土格构锚固施工流程

3.2.1　边坡锚杆施工

边坡锚杆施工包括:坡面清理、坡脚基础开挖及垫层施工、边坡格构梁孔位放线、脚手架搭设、锚杆钻孔、放置锚杆、坡面平整坐浆等工序,施工工艺要求与第 3.1.3 节一致。

3.2.2　工厂预制

3.2.2.1　施工预制构件台座,绑扎钢筋

在预制场按照钢筋图设计绑扎钢筋笼钢筋(图 3-12)。下料前,核对钢筋种类、直径、尺寸、数量,计算下料长度,然后将其截断。在弯筋机的平台上弯制钢筋,通过平台定位线控制弯制钢筋形状和尺寸。之后绑扎纵梁和横梁中的主筋和箍筋,形成 T 字格构梁钢筋笼和十字格构梁钢筋笼。

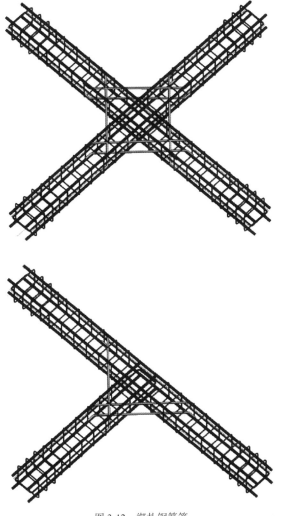

图 3-12　绑扎钢筋笼

3.2.2.2 安装钢模板和预埋件

根据 T 字格构梁和十字格构梁构造图,设计预制构件模板,按模板设计图纸制作、安装钢模板(图 3-13、图 3-14)。将钢筋笼安装在钢模板中,清洁钢模板内表面,涂刷脱模剂。在钢筋笼的最外侧钢筋与钢模板间通过设置保护层垫块,预留净保护层。在横梁、纵梁交叉点处预留穿入锚杆的孔道,在格构梁端部的灌浆套筒预留凹槽处预埋木盒。

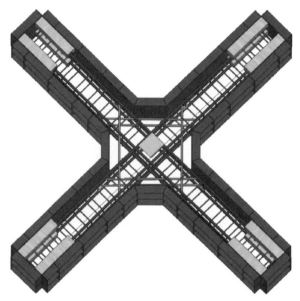

图 3-13　十字格构梁安装钢模板和预埋件

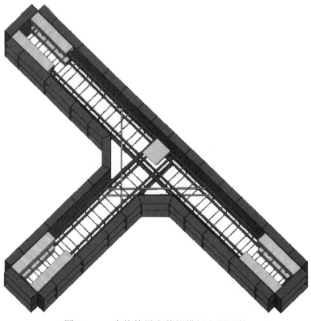

图 3-14　T 字格构梁安装钢模板和预埋件

3.2.2.3　浇筑混凝土

检查 T 字格构梁和十字格构梁的模板接缝、拉杆螺栓、模板连接螺栓,确保模板安装牢固。浇筑混凝土时均匀、连续下料,使用振动台振捣。混凝土浇筑工作一旦开始,中间不能中断。注意须在灌浆套筒预埋处预留现浇槽口。在混凝土预制构件水平高度处,对浇筑的混凝土表面进行抹面、找平和抹光处理。预制 T 字格构梁和十字格构梁时,可反过来预制,这有利于预制构件上表面光滑、预埋件定位准确。成品如图 3-15 所示。

3.2.2.4　预制混凝土养护

进行混凝土 T 字格构梁和十字格构梁养护。蒸汽养护是缩短养护时间的方法之一,一般宜用 65℃ 左右的温度蒸养。混凝土在较高湿度和温度条件下,可迅速达到要求的强度。

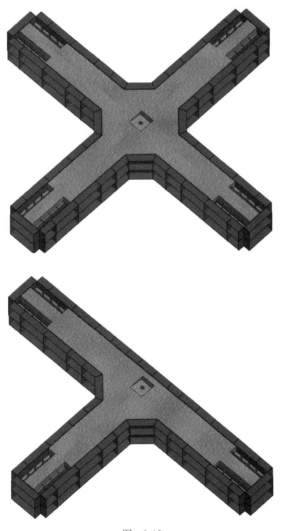

图　3-15

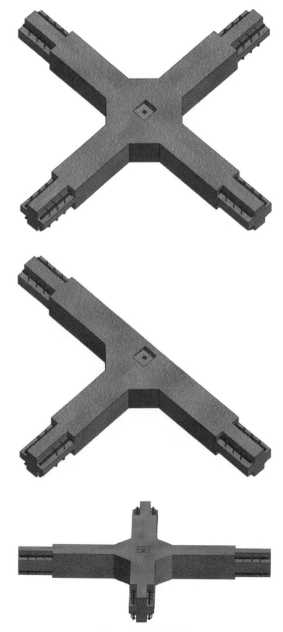

图 3-15　浇筑混凝土

蒸汽养护分为四个阶段：

①静停阶段：混凝土浇筑完毕至升温前，在室温下先放置一段时间。这主要是为了增强混凝土对升温阶段结构破坏作用的抵抗能力，一般需 2~6h。

②升温阶段：混凝土由原始温度上升至恒温阶段。如果温度急速上升，会使混凝土表面因体积膨胀太快而产生裂缝。因而必须控制升温度速度，一般为 10~25℃/h。

③恒温阶段：是混凝土强度增长最快的阶段。恒温的温度应随水泥品种不同而异，普通水泥的养护温度不得超过 80℃，矿渣水泥、火山灰水泥的养护温度可提高到 85~90℃。

④降温阶段:在此阶段内,混凝土已经硬化,如果降温过快,混凝土会产生表面裂缝,因此应控制降温速度。一般情况下,构件厚度在 10cm 左右时,降温速度不大于 20～30℃/h。

为了避免由于蒸汽温度骤然升降而引起混凝土构件产生裂缝变形,必须严格控制升温和降温的速度。出养护室的构件温度与室外温度相差不得大于 40℃。

对于预制构件不承重的侧面模板,应在混凝土强度能保证其表面和棱角不因拆模而受损坏后方可拆除。模板拆除后,应将模板表面灰浆、污垢清理干净,并维修整理,在模板上涂抹脱模剂,等待下次使用。拆除后应及时清理现场,将模板堆放整齐。

3.2.3　运输及现场吊装

构件运输及现场吊装要求参照第 3.1.4 节和第 3.1.5 节。

3.2.4　灌浆套筒接缝施工

在一侧主筋端部预埋好灌浆套筒,注意要保证套筒处于可动状态。将上表面一侧的灌浆套筒拨动至两预制格构梁接缝的中部位置,连接梁间主筋,翻转套筒,使灌浆口朝上。对于下表面的套筒,需在梁端两侧开挖两个凹槽,同样将灌浆套筒拨动至两预制格构梁接缝的中部位置,连接梁间主筋,翻转套筒,使灌浆口朝外。上表面搭设模板,向套筒、预留槽口及接缝灌注浆料。施工过程见图 3-16。

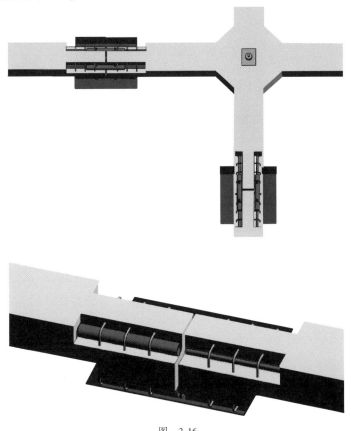

图　3-16

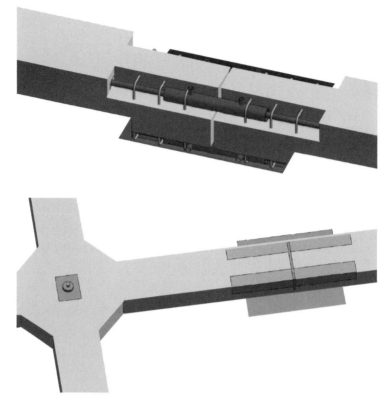

图 3-16　灌浆套筒接缝施工

3.2.5　锚杆锚头、伸缩缝施工及构件修复

锚杆锚头、伸缩缝施工及构件修复的施工技术要求与第 3.1 节一致。

第4章

新型预制拼装混凝土格构锚固质量控制

4.1 预制构件质量控制

根据《装配式混凝土结构技术规范》(JGJ 1—2014),装配式结构的后浇混凝土部位在浇筑前应进行隐蔽工程验收。验收项目应包括下列内容:

①钢筋的牌号、规格、数量、位置、间距等。

②纵向受力钢筋的连接方式、接头位置、接头数量、接头面积百分率、搭接长度等。

③纵向受力钢筋的锚固方式及长度。

④箍筋、横向钢筋的牌号、规格、数量、位置、间距,箍筋弯钩的弯折角度及平直段长度。

⑤预埋件的规格、数量、位置。

⑥混凝土粗糙面的质量。

根据《预制混凝土构件质量检验评定标准》(GBJ 321—90),模板必须有足够的强度、刚度和稳定性,严禁产生不允许的变形。模板尺寸的允许偏差及检验方法见表4-1。

模板尺寸的允许偏差及检验方法 表4-1

项 目		允许偏差(mm)						检验方法
		薄腹梁、桁架	梁	柱	板	墙板	桩	
长		±10	±5	0 −10	±5	0 −5	±10	用尺量两角边,取其中较大值
宽		+2 −5	+2 −5	+2 −5	0 −5	0 −5	+2 −5	用尺量测一端及中部,取其中较大值
高(厚)		+2 −5	+2 −5	+2 −5	+2 −3	0 −5	+2 −5	
侧向弯曲		l/1500 且≤15	l/1000 且≤15	l/1000 且≤15	l/1000 且≤15	l/1500 且≤15	l/1500 且≤15	拉线,用尺量测最大弯曲处
表面平整		3	3	3	3	3	3	用2m靠尺和塞尺量测
拼板表面高低差		1	1	1	1	1	1	
中心位置偏移	插筋、预埋件	5	5	5	5	5		用尺量测纵、横两中心线位置,取其中较大值
	安装孔	3	3	3	3	3	3	
	预留洞	10	10	10	10	10	10	

续上表

项 目	允许偏差（mm）						检验方法
	薄腹梁、桁架	梁	柱	板	墙板	桩	
主筋保护层厚	+5 −3	+5 −3	+5 −3	±3	+5 −3	±3	用尺量测
对角线差				7	5	桩顶 3	用尺量两个对角线
翘曲				l/1500	l/1500	1	用调平尺在两端量测
设计起拱	±3	±3					拉线,用尺量跨中

注:l 为构件长度(mm)

钢筋、焊条和预埋件的品种、规格和质量必须符合设计要求和现行有关钢筋、焊条标准的规定:

①钢筋和钢丝加工的外观质量,应符合表 4-2 的规定。

钢筋和钢丝加工的外观质量要求 表 4-2

项 目	质 量 要 求
调直钢筋表面划伤、锤痕	不应有
冷拉钢筋表面裂纹	不应有
冷拔钢丝表面裂纹、斑痕	不应有
钢筋和钢丝镦头中心偏移	不应有
热镦钢筋夹具处烧伤	不应有

②钢筋和钢丝焊接的外观质量,应符合表 4-3 的规定。

钢筋和钢丝焊接的外观质量要求 表 4-3

项 目			质 量 要 求
点焊	脱点及漏点	周边两行	不应有
		中间部分	不应有相邻两点
	错点伤筋、起弧蚀损		不应有
闪光接触对焊	接头表面裂纹		不应有
	卡具处钢筋烧伤	Ⅰ、Ⅱ、Ⅲ级钢筋	允许轻微
		Ⅳ级钢筋	不应有
电弧焊	焊缝表面裂纹、烧伤和较大焊瘤		不应有
接触埋弧焊	预埋件的钢板与锚筋接触面周围缺焊和较大焊瘤		不应有

③钢筋和钢丝加工尺寸的允许偏差和检验方法,应符合表 4-4 的规定。

钢筋和钢丝加工尺寸的允许偏差和检验方法　　　　　　　表 4-4

项　目			允许偏差(mm)	检 验 方 法
切断	长度	用于镦头　调直机切断	±1	用尺量
		用于镦头　切断机切断	±2	
	用于一般构件		+3,−5	
弯折	弯起钢筋弯折点位置		±20	
	箍筋内径尺寸		±5	
冷拉	拉长率	Ⅰ级钢	±1%	
		Ⅱ、Ⅲ级钢	±0.5%	
		Ⅳ级钢	+0.2%,0%	
冷拔	≤ϕ4	非预应力钢丝直径	±0.1	用卡尺量
		预应力钢丝直径	±0.08	
	>ϕ4	非预应力钢丝直径	±0.15	
		预应力钢丝直径	±0.1	
冷镦	同组钢丝有效长度极差		2	用尺量
	镦头	直径	≥1.5d	用卡尺量
		厚度	≥0.7d	
热镦	同组钢筋有效长度极差	长度大于 4.5m	3	用尺量
		长度不大于 4.5m	2	
	镦头直径		≥1.5d	用卡尺量

注:d 为钢筋直径(mm)。

④焊接和绑扎的钢筋网、钢筋骨架应牢固。对绑扎网和绑扎骨架,其缺扣、松扣的数量不得超过绑扣总数的 20%,且不应有相邻两点缺扣或松扣。钢筋网、钢筋骨架尺寸的允许偏差和检验方法应符合表 4-5 的规定。

钢筋网、钢筋骨架尺寸的允许偏差和检验方法　　　　　　　表 4-5

项　目		允许偏差(mm)	检 验 方 法
点焊钢筋网	长	±10	用尺量
	宽	±10	
	网眼尺寸	±10	
	对角线差	10	用尺量测两对角

项 目			允许偏差（mm）	检 验 方 法
钢筋骨架	长		±10	用尺量测一端及中部的主筋位置尺寸,取其中较大值
	宽		±5	
	高		±5	
受力主筋	间距		±10	入模后,用尺量测一端及中部,取其中较大值
	层距		±5	
	保护层厚	梁、柱	±5	
		板	±3	
箍筋和副筋的间距	绑扎		±20	用尺量连续三档,取其中最大值
	点焊		±10	
钢筋弯起点位置偏移			20	选取两处,用尺量弯起点至骨架端部,取其中较大值
预埋件	中心位置偏移		5	用尺量纵横两个方向,取其中较大值
	平整度		3	用尺和楔形塞尺量

⑤预埋件加工偏差应符合表4-6的规定。

预埋件加工偏差 表4-6

检 验 项 目		允许偏差（mm）	检 验 方 法
预埋件锚板的边长		0~5	用钢尺量测
预埋件锚板的平整度		1	用直尺和塞尺量测
锚筋	长度	±10	用钢尺量测
	间距偏差	±10	用钢尺量测

⑥构件的出池、起吊及构件出厂时的混凝土强度,必须符合设计要求;当设计无特殊要求时,必须达到混凝土立方体抗压强度标准值的75%。

⑦构件外观质量应按下列规定进行检验:

构件应按检验批逐件观察检查,剔除有影响结构性能或安装使用性能缺陷的构件,并应按下式计算该批构件的产品合格率:

$$\beta = \left(1 - \frac{m_d}{m_t}\right) \times 100\% \qquad (4-1)$$

式中:β——检验批构件的产品合格率;

m_d——该批构件中经检查剔除的有影响构件结构性能或安装使用性能缺陷的构件数;

m_t——检验批构件的总数。

在按检验批逐件观察检查的基础上,抽检的构件外观质量应符合表4-7的规定,其合格点率应按下式计算:

$$\eta = \beta \left(1 - \frac{n_g + 3n_s}{n_t} \right) \times 100\% \tag{4-2}$$

式中:η——检验批构件外观质量检查的合格点率;

n_g——不符合表 4-7 中质量要求为"不宜有"项目以及不符合"副筋露筋"和"次要部位蜂窝"项目要求的检查点数;

n_s——不符合表 4-7 中质量要求为"不应有"项目的检查点数;

n_t——检查总点数。

构件外观质量要求及检验方法　　　　　　　　　　　　　　　表 4-7

项　　目		质 量 要 求	检 验 方 法
露筋	主筋	不应有	观察、用尺量测
	副筋	外露总长度不超过 500mm	
孔洞	任何部位	不应有	观察、用尺量测
蜂窝	主要受力部位	不应有	观察、用百格网量测
	次要部位	总面积不超过所在构件面积的 1%,且每处不超过 0.01m²	
裂缝	影响结构性能和使用的裂缝	不应有	观察和用尺、刻度放大镜量测
	不影响结构性能和使用的少量裂缝	不宜有	
连接部位缺陷	构件端头混凝土疏松或外伸钢筋松动	不应有	观察、摇动
外形缺陷	清水表面	不应有	观察、用尺量测
	混水表面	不宜有	
外表缺陷	清水表面	不应有	观察、用百格网量测
	混水表面	不宜有	
外形沾污	清水表面	不应有	观察、用尺量测
	混水表面	不宜有	

注:1.露筋指构件内钢筋未被混凝土包裹而外露的缺陷。

2.孔洞指混凝土中深度和长度均超过保护层厚度的孔穴。

3.蜂窝指构件混凝土表面缺少水泥砂浆而形成石子外露。

4.裂缝指伸入混凝土内的缝隙。

5.联结部位缺陷指构件联结处混凝土疏松或受力钢筋松动等缺陷。

6.外形缺陷指构件端头不直、倾斜、缺棱掉角、飞边和凸肚疤瘤。

7.外表缺陷指构件表面麻面、掉皮、起砂和漏抹。

8.外表沾污指构件表面有油污或杂物。

对检查数量的要求为:同一工作班、同一班组生产的同类型构件为一个检验批,在该批构件中应随机抽查5%,但不应少于3件。

当检查的合格点率小于70%但不小于60%时,可从该批构件中再随机抽取同样数量的构件,对检验中不合格点率超过30%的项目进行第二次检验,并应按式(4-2),用两次检验的结果重新计算其合格点率。

⑧构件的尺寸偏差应符合表4-7的规定,其合格点率应按下式计算:

$$\alpha = \beta \left(1 - \frac{n_g + 2n_s}{n_t}\right) \times 100\% \tag{4-3}$$

式中:α——检验批构件尺寸偏差检查的合格点率;

β——该批构件的产品率,应按式(4-1)计算的结果取用;

n_g——不符合表4-8中允许偏差要求,但未超过该项允许偏差值1.5倍的检查点数;

n_s——超过表4-8中允许偏差值1.5倍的检查点数;

n_t——总检查点数。

构件尺寸允许偏差及检验方法 表4-8

项目		允许偏差(mm)						检验方法
		薄腹梁桁架	梁	柱	板	墙板	桩	
长		+15 −10	+10 −5	+5 −10	+10 −5	±5	±20	用尺量平行于构件长度方向的任何部位
宽		±5	±5	±5	±5	±5	±5	用尺量一端或中部
高(厚)		±5	±5	±5	±5	±5	±5	
侧向弯曲		l/1000且≤20	l/750且≤20	l/750且≤20	l/750且≤20	l/1000且≤20	l/1000且≤20	拉线,用尺量测侧向弯曲最大处
表面平整		5	5	5	5	5	5	用2m靠尺和楔形塞尺,量测靠尺与板面两点间的最大缝隙
预埋件、插筋	中心位置偏移	10	10	10	10	10	5	用尺量纵、横两个方向中心线,取其中较大值
	与混凝土面平整度	5	5	5	5	5	5	用平尺和钢板尺检查
预埋螺栓	中心位置偏移	5	5	5	5	5	5	用尺量纵、横两个方向中心线,取其中较大值
	明露长度	+10 −5	+10 −5	+10 −5	+10 −5	+10 −5		用尺量测
中心位置偏移	预留孔	5	5	5	5	5	5	用尺量纵、横两个方向中心线,取其中较大值
	预留洞	15	15	15	15	15	桩尖10	
主筋保护层厚		+10 −5	+10 −5	+10 −5	+5 −3	+10 −5	±5	
对角线差					10	10	桩顶10	用尺量两个对角线
翘曲			l/750		l/1000		3	用平尺在板两端量测

注:l为构件长度。

当检查的合格点率小于 70% 但不小于 60% 时,可从该批构件中再随机抽取同样数量的构件,对检验中不合格点率超过 30% 的项目进行第二次检验,用两次检验的结果重新计算其合格点率。

4.2　现场安装质量控制

4.2.1　安装准备

后浇连接段时,根据《装配式混凝土结构技术规范》(JGJ 1—2014)进行安装准备:

①预制构件结合面疏松部分的混凝土应剔除并清理干净。

②模板应保证后浇混凝土部分形状、尺寸和位置准确,并应防止漏浆。

③在浇筑混凝土前应洒水润湿结合面。混凝土应振捣密实。

4.2.2　锚杆锚头质量控制

根据《建筑边坡工程技术规范》(GB 50330—2013):

①锚杆施工前应做好下列准备工作:

——应掌握锚杆施工区建(构)筑物基础、地下管线等情况。

——应判断锚杆施工对邻近建筑物和地下管线的不良影响,并制定相应预防措施。

——编制符合锚杆设计要求的施工组织设计;检验锚杆的制作工艺;确定锚杆注浆工艺并标定张拉设备。

——应检查原材料的品种、质量、规格型号以及相应的检验报告。

②锚孔施工应符合下列规定:

——锚孔定位偏差不宜大于 20mm。

——锚孔偏斜度不应大于 2%。

——钻孔深度超过锚杆设计长度不应小于 0.5m。

③钻孔机械选择应考虑钻孔通过的岩土类型、成孔条件、锚固类型、锚杆长度、施工现场环境、地形条件、经济性和施工速度等因素。在不稳定地层中或地层受扰动会导致水土流失危及邻近建筑物或设施的稳定时,应采用套管护壁钻孔或干钻。

④锚杆的灌浆应符合下列规定:

——灌浆前应清孔,排出孔内积水。

——注浆管宜与锚杆同时放入孔内。向水平孔或下倾孔内注浆时,注浆管出浆口应插入距孔底 100~300mm 处,浆液自下而上连续灌注。向上倾斜的钻孔内注浆时,应在孔口设置密封装置。

——孔口溢出浆液或排气管停止排气并满足注浆要求时,可停止注浆。

——根据工程条件和设计要求确定灌浆方法和压力,确保钻孔灌浆饱满和浆体密实。

——浆体强度检验用试块的数量为每 30 根锚杆不应少于 1 组,每组试块不应少于 6 个。

⑤锚杆锚头承压板及其安装应符合下列规定:

——承压板应安装平整、牢固,承压面应与锚孔轴线垂直。

——承压板底部的混凝土应填充密实,并满足局部抗压强度要求。

第5章

边坡智慧监测平台

边坡智慧监测是利用自动化的监测设备,采用最新的通信技术将监测数据实时传输至集成化管理平台,并结合 BIM(建筑信息模型)+GIS(地理信息系统)技术实现三维可视化,利用集成平台的大数据收集和智能分析处理能力,实现边坡监测的智慧管理。

5.1 概　　述

经过改革开放以来的大规模建设和发展,我国公路建设取得了巨大的成就。随着公路网的不断完善和投入使用,公路交通的重点逐渐从大规模建设转移向持续养护,公路养护工作正成为我国公路发展的新方向。

在道路养护工作中,边坡养护十分重要。合理的边坡养护可以有效地保护路基土免受雨水的冲刷,防止边坡表面的水土流失,防止边坡表面岩土的进一步风化破碎,对保护道路安全起着至关重要的作用。边坡养护对边坡各种病害起着抑制作用,大大减小了病害发生的可能性,减轻了病害的危害。

道路养护管理是道路运营管理的重要组成部分,是保证道路优质服务水平的主要手段之一。道路养护管理的主要职责是及时发现道路发生的各种病害或其他问题并采取合理的措施进行处治。其中,边坡养护管理是道路养护管理工作的重点,应当调查边坡养护和收集边坡各方面的数据,建立数据库,研究边坡安全状况的评价方法和对边坡病害的处理措施,对数据进行分析处理,为决策服务,提升道路养护管理水平。

与我国道路建设发展进程相对应,我国的道路养护管理经历了 3 个阶段:一是建国初期的临时养护管理阶段,二是公路养护管理的事业化管理阶段,三是现在的企业化管理阶段。然而,我国公路的养护管理还未形成成熟的体系,处于过渡时期,滞后于公路的建设。具体到边坡养护管理上,主要表现在边坡养护管理的理念比较落后,缺少计划性、系统性和预测性的管理理念。当前,我国公路边坡养护大多为被动型养护,没有明确的养护目标,未制订详细的养护计划,当边坡发生问题时才采取措施,导致养护工作缺乏长期性,在养护模式、养护规划、养护安排、养护制度、养护工程监理及资金投入等方面未能形成完整的体系,导致了我国边坡养护管理工作的专业化程度不够、效率低、水平低以及效果差。

公路沿线边坡多,地质条件复杂多变,不确定因素多,边坡稳定性评价方法多种多样且标准不一。实践表明,面对复杂的边坡地质问题,单一的稳定性评价方法无法适应复杂多变的边坡,而且运营阶段的边坡稳定性评价甚至比设计阶段的预判重要得多,这决定了边坡管理是一个动态的风险控制过程,有必要分阶段统筹实施,把地质勘察和稳定性评价工作延伸至边坡全生命周期,针对不同阶段揭示的边坡地质变化特征及时制订相应的防护策略,并辅以专家经验指导或定量分析。

随着计算机技术与信息技术的不断发展,边坡养护管理手段逐渐地数字化与信息化,开发边坡养护管理的集成式、智能化的管理信息系统成为一个趋势。边坡养护管理信息系统以公路管养单位的机构设置、人员配备、工作职能和业务范围为对象,按照国家相关规范与标准,基于公路建设、管理、维护过程涉及的功能需求和工作流程,利用遥感、全球定位、地理信息系统、数字测绘、多媒体、数据库、计算机网络等技术,满足公路管养单位全面实现边坡养护管理数字化、信息化、科学化、规范化和智能化的需求。

边坡养护管理信息系统能够有效处理边坡基础资料、运营期监测数据和养护资料,建立起公路边坡养护管理数据库,方便管理人员以不同的条件查询各类边坡信息并以可视化方式浏览,从数据库中提取相关数据进行边坡安全性分析评判,提出边坡的养护建议,从而提高边坡养护管理工作的效率。

5.2 边坡数据库

边坡数据库十分重要,它是公路行业开展边坡工程系统管理的重要依据,是工程技术经验与决策科学化的重要途径,是边坡安全风险管理的重要保障。近年来,随着信息化技术的快速发展,边坡数据库成为复杂边坡地质灾害防范与治理工作的重要决策工具。

5.2.1 多维多源数据构建

边坡治理决策应建立在海量数据的基础之上,因此应建立储存边坡多维多源数据的数据库。边坡智慧监测平台建立了基本信息数据库、边坡调查信息库和监测系统数据库,各种数据库互为补充,又相互独立,并与建筑信息模型、地理信息系统模型相关联,形成结构化的数据。同时,各种数据库又有不同的形式,具有多源异构性,如文档数据、图片数据和视频数据等。为了方便管理、储存和查询,各种数据库根据数据形成的时间先后顺序建立,主要划分为规划设计阶段、施工阶段和运维阶段,其中,规划设计阶段数据、施工阶段数据构成基本数据库。为了保证数据传输速度、安全性和数据运维便利性,建立了云端存储和本地服务器存储两种存储方式的数据库。

5.2.1.1 数据的层次

1)数据项

数据项的名称有"项目类别""工程编号"等。数据项包括重度、单轴抗压强度、抗拉强度、变形模量、弹性模量、泊松比、天然(饱水)黏聚力、天然(饱水)内摩擦角等,这些数据项都表示岩土体某一方面的特性。

2)数据记录

数据记录是指数据源中一组完整的信息,是数据项的有序集合。将数据项按照某种方式组合起来,形成一条完整的相关信息,便是数据记录。对应于坡体岩性为灰岩的边(滑)坡,组合岩块的重度、单轴抗压强度、抗拉强度、变形模量、弹性模量、泊松比、天然(饱水)黏聚力、天然(饱水)内摩擦角等,就成为一条完整的数据记录。当构成数据记录的这些数据项中一项或者若干项被确定时,这条记录也会被唯一确定。

3)数据文件

文件是指同类数据记录的有序集合。

4)数据库

数据库是所有数据的最终归宿。各类数据经过结构化处理之后遵循统一的管理方式,最终存入数据库中。继前述 3 个数据层次之后,数据库是数据组织的最高层次。实施各种专业管理和控制操作的数据库系统,被称为数据库管理系统。

数据库管理系统是数据库系统的核心,是实际存储的数据和用户之间的一个接口,是一个通用的软件系统。数据库管理员可以用数据库管理系统对数据库进行统一的数据管理和运行控制,能够为数据库提供数据定义、建立、维护、查询和统计等功能。数据库的出现使得在多个用户之间能够进行数据调用,在数据库的基础上实现了资源共享。

5.2.1.2　数据库构建原则

数据库的构建原则如下:

①数据库建设规范化和标准化原则。

②统一集成地理信息的原则。

③集成数据分级共享的原则。

④具有较好保护数据安全性和维护数据一致性的措施。

⑤为保证数据库跨平台运用,数据库的字段名均为拼音或英文词组缩写。

5.2.1.3　数据库结构设计

数据库结构设计分为概念设计、逻辑设计和物理设计,按照边坡工程数据库概念模型进行设计。边坡数据库表大致可分为边坡属性库、边坡类型库、边坡材料库、边坡结构面库、地形地貌库、工程因素库、赋存环境库、坡体结构类型库、坡体破坏模式类型库、边坡图形库等数据库表。

1)概念设计

概念设计由概念模型设计和系统总体设计两部分构成。概念模型设计是基于需求规范说明书,了解、整理数据库的数据对象在各个应用领域的特点及其相互关系,然后通过概念数据模型表达出来,建立一个独立的企业数据库概念模型,而不是依赖于具体的企业数据库信息管理系统。常用的数据库概念模型的表示方法有很多种,其中最常见的一种是 ER(Entity Relationship,实体关系模型)表示方法。一个大型企业数据库的应用系统软件是由数据库硬件和应用软件两部分组成的复杂应用系统。系统总体设计的第一步是进行系统规划与分析(特别是其中的技术可行性分析内容)和系统需求分析,然后确定软硬件整体框架,为后续设计活动的开展打好基础。系统总体设计的主要内容包括:系统结构设计;系统硬件平台的选择和搭配;应用软件的结构设计,将应用软件划分为一系列软件子系统,定义子系统间的信息交互方式,进一步划分各软件子系统的功能和模块结构;初步设计需求分析过程确定的业务规则,完善业务数据处理规则和工作流程,细化业务数据及其相关信息处理的手段,并选定所需要的主要技术和算法等;对系统所运用的主要技术进行方案选择并进行初步设计。

2)逻辑设计

数据库的逻辑设计主要有以下三个方面:

(1)数据库逻辑结构设计

数据库概念逻辑结构设计,是以 ER 图与数据库的概念模型关系为基础和起点设计,并最终表达出数据库逻辑模式的一种基于数据库的结构。逻辑结构设计和数据库所需要运用的数据模型紧密相关,例如逻辑关系数据模型、层次数据模型以及网状数据模型等,然而和数据库具体的概念模型达成过程完全无关。在现阶段,ER 图是逻辑关系数据库概念模型的主要表示和实现方法。

(2)应用程序概要设计

基于应用软件结构设计,根据步步求精、数据隐身以及完善功能的思想把应用软件模块逐一分解成子模块,建立起应用软件的层次结构,即系统-子系统-模块-子模块。把查询数据库的模块/子模块视为数据库事务。明确模块的功能与输入/输出数据,建立数据结构,设计模块交互关系与交互流程。

(3)数据库事务概要设计

此阶段需要依据需求分析并明确识别数据库事务,定义事务数据交互流程,建立模块交互关系表。对于事务中与数据库数据的操作(数据增删、修改等)无关的元操作 read、write,给予抽象表达。

3)物理设计

物理设计包括:

(1)数据库物理结构设计

数据库中的数据以文件的形式存储于外部硬件和存储设备上。数据的存储文件结构和存读方式,主要取决于数据库系统具体的内部硬件物理环境、操作管理系统以及数据库管理系统。

数据库物理结构设计是在一定的硬件环境、操作系统条件下,设计出满足逻辑结构应用要求的物理结构,建立一个存储占用空间小、数据访问效率高以及运行维护代价低的数据库存储模式。数据库物理结构设计涵盖了数据库逻辑结构修改、数据整理和分析、安全模式、完善系统配置、物理模式评价等设计活动。

(2)数据库事务详细设计

基于平台数据库的访问管理接口和应用程序设计语言,通过数据库事务流程概要设计分析得到与数据库平台开发环境无关的数据库事务开发流程,帮助用户对数据库平台和事务进行详细流程设计。

（3）应用程序详细设计

在一定的程序设计条件与机制下，基于应用程序概要设计中明确的模块功能以及输入/输出数据需求，建立模块的处理流程、算法、数据结构以及对外接口等。在数据库需求分析的基础上，进一步对边坡的相关信息之间的关系进行抽象，客观地描述各数据之间的联系。

5.2.1.4　边坡数据库建立流程

公路边坡数据库分为图形数据库和属性数据库，在收集资料基础上，先建立图形库，录入边坡分布图等图件，对图形数据库中的公路边坡以及公路等图元进行属性结构及属性编辑；同时，还要编辑、录入公路边坡数据信息及相关照片或视频，最后通过图元和属性数据的统一编号使两者连接为一个整体，完成数据库的建立。数据库建立流程见图5-1。

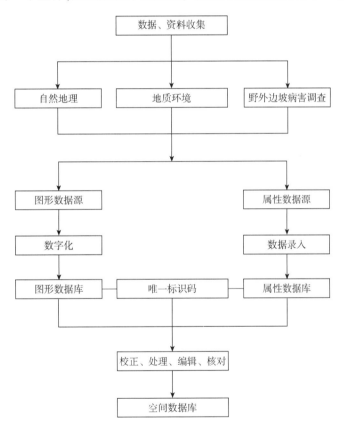

图 5-1　数据库建立流程图

5.2.2　边坡基础信息数据库

5.2.2.1　属性库设计

属性库包括边坡序号、里程编号、勘察单位、设计单位、施工单位、边坡基本情况（包括边坡位置、坡高、坡度、级数、病害类型、病害规模、加固形式),按照上述类型分别统计数据,流程如图5-2所示。

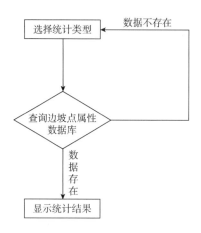

图5-2 数据统计流程逻辑图

5.2.2.2 资料库设计

数据质量的好坏直接影响系统的应用价值。所以对数据的处理要仔细,数据分层要合理,原则上不同内容、不同要素的数据要分为不同的层。

图层包括边坡点图层、线路图层、岩性分界图层、断层线及符号体图层、水系图层、等高线图层、坐标网格线图层、标注文字图层、图例图层、柱状图层等。

系统主要需要实现工程点的查询。工程点分为滑坡及高边坡,可在属性中加以区分。工程点为点要素,必要的属性为点名(即点的里程数),这是查询所必需的字段。其他的字段有点性、边坡位置、坡度、施工单位、日期等。

调查表数据、勘察数据、设计数据、图片资料、视频等以二进制形式存储于数据库中。调查表数据包括调查数据、分析数据及稳定性分析数据。勘察数据包括原始勘察数据及补充数据。设计数据包括原始设计数据及变更设计数据。高边坡数据包括边坡调查数据、分析数据及稳定性分析数据。滑坡数据包括滑坡调查数据、分析数据及稳定性评价数据。

在开发过程中,将文件存入数据库中,以数据库方式管理。所有文本、图片及录像资料构成资料数据库。数据库表按工程点命名,一个工程点有5类文件,应加以区分。

数据库表中应包含的字段主要有:

①记录号:表示文件的个数。

②资料:以大型二进制对象形式存放文件资料。

③文件名:表示所存文件资料的文件名。

④文件类型:表示入库文件类型,如文档格式、图片格式、视频格式等。

⑤资料类型:调查表、勘察报告、设计文件、照片和其他。

⑥坡性:表示边坡的具体位置。

5.2.3　边坡调查信息数据库

调查表数据、图表数据、录像短片等调查信息数据以二进制形式存储。由于边坡调查信息数据文件较小,为提高系统的运行速度,在系统开发中把调查信息数据作为独立的数据库存放,形成边坡调查信息数据库,在评价系统中可以调用本部分模块。

调查信息表包含的信息主要有:边坡编号、边坡高度、边坡地理位置、调查日期、边坡加固方式、调查内容、病害特征、建议治理措施。

5.2.4　监测系统数据库

根据项目的功能设计,监测系统数据库包含的库表为系统管理数据库表(表 5-1)、模型文件管理数据库表(表 5-2)、数据引擎数据库表(表 5-3)。图形引擎模块提供图形数据的显示和优化,因此相关的库表设计分列于其他 3 个模块中。

系统管理数据库表　　　　　　　　　　　　　　　　表 5-1

数据库表名称	主 要 内 容	涉及主要功能
PROJECT_ITEM	项目信息	项目管理
USER_INFO	用户信息	用户管理
ORGANIZATION_INFO	组织信息	组织管理
AUTHORITY_INFO	用户权限信息	用户权限管理
OPERATION_INFO	操作信息	用户权限管理
MENU_INFO	菜单信息	用户权限管理
ORGANIZATION_TO_AUTHORITY	组织权限信息	用户权限管理
ORGANIZATION_TO_PROJECT_ITEM	组织项目信息	用户权限管理
USER_TO_AUTHORITY	用户权限信息	用户权限管理
USER_TO_ORGANIZATION	用户组织信息	用户权限管理
USER_TO_PROJECT_ITEM	用户项目信息	用户权限管理
CHANGE_LOG	数据更改日志	日志管理

模型文件管理数据库表　　　　　　　　　　　　　　表 5-2

数据库表名称	主 要 内 容	涉及主要功能
ELEMENTS	构件表	图形、模型拓扑关系
ELEMENT_RELATIONS	构件关系表	图形、模型拓扑关系
REPRESENTATIONS	构件显示表	图形、模型拓扑关系

续上表

数据库表名称	主 要 内 容	涉及主要功能
REPRESENTATIONS_1	构件显示表(轻量化模型表,按压缩率来定)	图形、模型拓扑关系
REPRESENTATIONS_2	构件显示表(轻量化模型表)	图形、模型拓扑关系
FLOORS	楼层表	图形、模型拓扑关系
DISCIPLINES	专业表(机电、结构、暖通等)	图形、模型拓扑关系
DIRECTORIES	文件目录表	文件管理(原始项目文件位置)
DIRECTORY_AUTH	目录权限表	文件管理
CHANGE_HISTORY	文件版本表	文件管理

数据引擎数据库表   表 5-3

数据库表名称	主 要 内 容	涉及主要功能
RULE_SETS	计算规则(集)库	计算规则注册及管理
RULE_CATEGORIES	规则分类表(如模型轻量化计算、成本计算、质监评测、安全评测、施工模拟、碰撞检测等)	计算规则注册及管理
RULE_DEFINITION	规则定义表	计算规则注册及管理
ATTR_CATEGORIES	属性分类表	扩展属性分类注册及管理
JOB_ALLPROCEDURES	所有任务程序表(碰撞监测、施工模拟、模型轻量化计算);计划(进度对比分析、日报/周报/月报);成本(付款统计周报/月报);质监(整改项/检验点的日报/周报/月报)	处理任务注册及管理
JOB_SCHEDULED_PROCEDURES	程序序列表	处理任务注册及管理
JOB_TASKS	任务表	处理任务注册及管理
JOB_INPUTS	任务输入描述表(库、表、列、参数等)	处理任务注册及管理
JOB_OUTPUTS	任务输出描述表	处理任务注册及管理
API_REGISTRATIONS	数据接口表	数据接口注册及管理
API_CATEGORIES	数据接口分类表(计划、成本、质检、规划、安全);含接口状态(Before,Post)	数据接口注册及管理
API_ARGUMENTATIONS	数据接口参数描述表(name/type/default/optional)	数据接口注册及管理
API_RETURNS	接口返回值描述表(name/value)	数据接口注册及管理

5.3 监 测 系 统

5.3.1 系统组成

5.3.1.1 架构设计

1）网络架构设计

常用的网络应用模式主要包括"客户端/服务器（CS）"模式、"手机端/服务器（MS）"模式以及"点对点（P2P）"模式，它们有着各自的特点和应用范围。

本项目开发了基于智能移动终端的子系统，选取 CS+MS 模式作为网络结构，系统结构如图 5-3 所示。

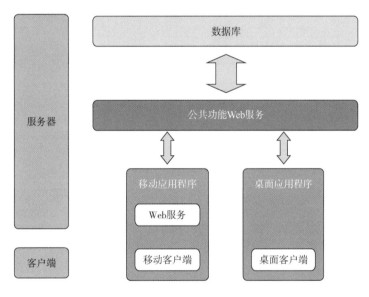

图 5-3 系统网络架构

结合项目的需求分析，在服务器端单独设计公共功能 Web 服务模块。

2）系统架构设计

根据选定的网络模式，设计了如图 5-4 所示的系统架构图。

①数据层：使用 SQL Server 数据库储存系统内部数据，数据库中的数据存储根据系统的数据结构设计。系统支持文件系统数据存储，从而缓存文件、进度计划文件、表单文件等均可以被纳入系统的数据体系。为充分利用现有系统数据资源，并实现特殊的功能需求，考虑能够读取其他系统（如门禁系统、监理系统、一体化系统）的已有数据。

②数据访问层：对 SQL Server 数据库的访问以及数据读取、维护操作，基本基于 ADO.NET 技术实现。对于其他系统中数据，设计系统数据接口实现数据的读取与结构化，同时支持逆过程。类似的，对于常用文件以及特殊文件的读取、解析、创建、改写等操作也应设计具有针对性的文件数据接口。

③模型层:模型层为各种信息的载体。当数据从数据源经由数据访问层处理之后,最终以数据模型的形式存储在系统内存中,是系统各类功能应用的基本原材料。

④网络服务层:主要布置在服务器中,以网络服务的形式为各客户端提供基本、公用的机制支撑。主要功能包括数据缓存、数据访问权限控制、用户权限管理、消息推送、系统配置。

⑤业务逻辑层:主要是针对用户的实际需求,在上述各层的基础上进行业务逻辑的程序实现。

⑥表现层:在业务逻辑层实现功能的基础上,为用户提供不同客户端类型的用户交互界面。表现层是用户与系统交互的窗口,根据系统网络架构的类型,客户端界面主要分为桌面应用程序用户界面及移动应用用户界面。

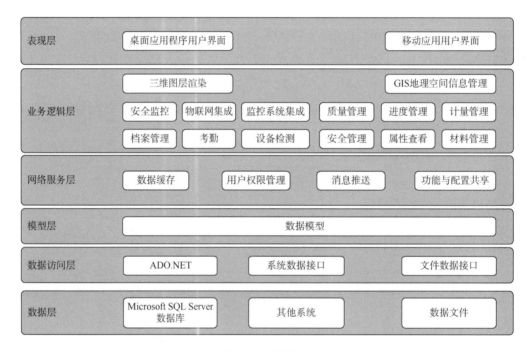

图 5-4　系统架构图

3)物理架构设计

根据选定的网络模式,基于项目现场与实际需求,设计物理结构。系统为网络架构系统,数据储存基本集中在服务器端的数据库中。桌面应用程序采用客户端本地数据缓存技术以降低对网络流量的需求。

由于本项目涉及建设过程中的建设方、监理方、施工方和运营管养方,考虑到数据使用的安全性和方便性,系统物理结构设计需同时支持通过互联网或各线内网的访问。为保证系统流畅运行,对系统的网络带宽需求进行了研究,主要方式为评估系统数据流量和流量耗时。

4)逻辑结构架构设计

结合网络、系统以及物理架构设计成果,整理成以数据流为路线的系统逻辑结构图,如图 5-5所示。

数据存储方式为分散式。考虑到项目实际的物理网络架构特点,将各路段数据存放至各段子数据库中,用户权限、通用表单等各站公用数据存储在中心数据库中。

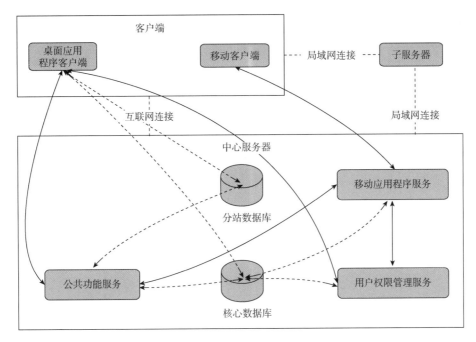

图 5-5　系统逻辑架构图

在项目后期,若需要实现分布式数据存储,可设数据访问控制服务管理各类用户、功能的数据来源,各客户端产生的数据访问请求均通过该服务进行。当用户请求操作的数据储存在中心数据库时,将连接定向至中心数据库;当用户请求的操作涉及分站的具体数据时,在判断用户对各站数据访问权限的基础上实现循环定向,依次访问所有权限内的数据库,并进行相应数据操作。若中心数据库能够满足要求,可不设置数据访问控制服务。

系统不仅将数据访问控制服务和移动应用程序的服务端布置在中心服务器中,为了提高开发效率、尽可能统一各客户端系统,将 3 类客户端系统共同需要调用的功能也置于中心服务器,之后通过数据访问控制服务访问相应位置的数据库。

用户权限管理服务也布置在中心服务器,用户权限相关数据集中存储于中心数据库,以便于统一管理。用户权限管理服务直接访问中心服务器本地数据库,从而为各客户端提供用户账户相关功能。

5.3.1.2　数据集成体系架构

面向服务架构(SOA)可以根据需求通过网络对松散耦合的粗粒度应用组件进行分布式部署、组合和使用。SOA 伴随着无处不在的标准,为工程的现有资产或投资带来了更好的重用性,借助现有的应用来组合产生新服务的敏捷方式,提供更强的应用程序和业务流程构建灵活性。

SOA 具有以下特点和优势:

①松散耦合、粗粒度服务。服务请求者和服务提供者的绑定和服务之间是松耦合的,能

够在不影响服务使用者的情况下修改服务,采用粗粒度服务接口使得使用者和服务层之间不必进行多次调用,增强服务稳定性。

②可重用服务、标准化接口。服务的可重用性设计显著降低成本,且 Web 服务的广泛应用和深入发展将 SOA 推向更高的层面,企业可以根据业务要求更轻松地使用和组合服务,减少成本。

③充分利用现有信息系统。可将现有资产项目各业务系统包装成提供各种功能的服务,企业可以继续从现有的资源中获取价值,而不必从头开始构建,通过提供基于现有资源和资产构建的服务,集成变得更加易于管理,使得企业可以快速地开发新业务服务,允许信息系统迅速地对改变做出响应。

④突破限制、整合业务:SOA 可通过云服务器发布,突破企业内网限制,实现与供应链上下游伙伴业务的紧密结合,将企业的业务伙伴整合到企业的"大"业务系统中。

充分利用 SOA 优势,结合需求,提出如图 5-6 所示的 SOA 核心架构。

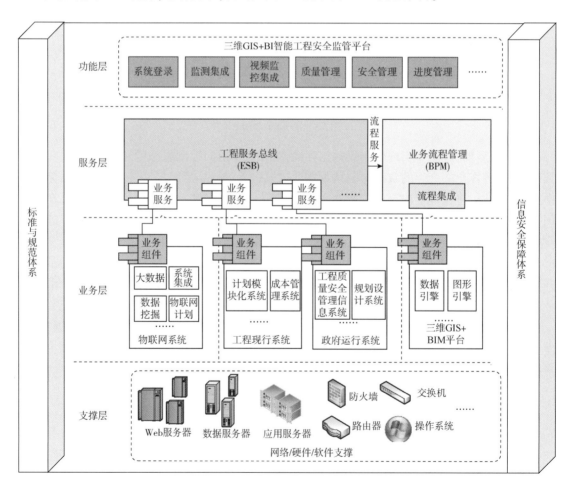

图 5-6 SOA 核心架构

①功能层:该层主要是通过调用服务在前端为用户提供各类功能应用,能够实现各项应用需求。客户端主要为 Web 应用程序,辅以少量的桌面应用程序,支持移动应用扩展。

②服务层:该层主要是通过企业服务总线(ESB)和业务流程管理(BPM)来实现,是 SOA 架构的中枢。在这一层中,对业务层提供的服务和组件进行组合,供功能层调用。

③业务层:该层主要是根据业务需求,提供各类标准化的服务和组件,支持前端程序的开发和运行。

④支撑层:该层主要包括网络、硬件和软件等底层支撑,为整个架构的落地提供保障。

5.3.1.3 预警系统

设计了集日常管养、监测预警、应急处置等为一体的预警系统,采用物联网传感设备长期实时采集工程运营状态各项信息,使用通信技术将海量数据输入数据处理服务器。后者通过网络将数据传输至云计算中心服务器,由第三方专业机构提供数据评估与风险预警等云计算服务,并将评估和预警结果显示于信息数据处理平台的可视化监控终端。该系统可以长期实时监测运营状态、提供风险预警、提出应急处置方案,消除安全隐患。目前已在深圳市彩田路项目开发完成基于三维 GIS+BIM 技术的智慧养护管理系统,通过集成第三方桥梁监测系统、边坡监测系统、视频监控等物联网系统,实现桥梁监测分析与预警安全管理、边坡监测分析与预警安全管理、视频监控安全管理、道路病害安全管理等。

5.3.1.4 风险评估系统

风险评估即根据所采集的信息、数据,采用一系列评价指标和评价模型,判别状况是否满足使用要求和功能要求。风险评估包括常规综合评估和安全性评估。常规综合评估是应用层次分析法将影响风险状态的因素层次化,形成一个多层指标体系,先确定底层各组指标的状态,再应用综合评估计算方法得出其他各层指标状态。安全性评估是在监测和损伤识别的基础上,通过各种手段测试当前工作状态,并与临界失效状态进行比较,评价其安全等级。

风险评估方法包括确定性预测、灰色系统理论、神经网络算法等。确定性预测基于力学理论和数值分析,根据监测数据不断调整数值模型(包括计算参数、边界条件修正等),计算可能出现的荷载组合作用下的结构响应,并确定预警指标,据此预测安全状态。灰色系统理论将桥梁结构效应值当作一定范围内变化的灰色量,并将相应的监测数据序列视为一定时区内变化的灰色过程,将无规律或弱规律的原始数据变为有较强规律的生成数据,建立灰色系统模型,然后将模型计算值逆还原为原数据,并预估变化规律和演变趋势。

边坡现场条件复杂,影响因素较多,因此采用确定性预测为主、灰色系统理论为辅的方法进行风险评估。

5.3.2 无线传感监测设备

无线传感器是一种集传感器、控制器、计算能力、通信能力于一体的嵌入式设备,具有远程数据采集及传输、自动化控制测量以及硬件成本较低等特点。目前边坡监测常用的无线传感器有 GNSS(全球导航卫星系统)接收机、位移计、雨量计、土壤湿度计和渗压计等,根据边坡的地质条件、观测环境及变形特征,将上述无线传感器布设于滑坡的特征点处,即可实时采集边坡的变形数据及周边的环境数据。

5.3.2.1 GNSS 接收机

GNSS 的全称是全球导航卫星系统,它包括全球的、区域的和增强的导航卫星系统。GNSS 具有全球、全天候、高精度连续导航和定位功能,已广泛应用于航空、航天、军事、交通、运输、通信、灾害监测等多个领域。

GNSS 相对定位又称为 GNSS 差分定位,通过差分可以较为充分地消除误差。GNSS 相对定位是目前 GNSS 测量技术中定位精度较高的手段之一,被广泛应用于边坡、桥梁、建筑物等变形监测领域。利用 GNSS 相对定位技术进行边坡变形监测时,在已知的稳定点上架设 1 台 GNSS 接收机作为参考,称其为 GNSS 基准站,然后在边坡上架设若干台 GNSS 接收机,称其为 GNSS 流动站,用于监测边坡上各个点位的变形情况。由于基准站和流动站的距离较近,因此它们在进行同步观测时能够追踪到相同的卫星,那么它们测量值中所包含的卫星钟差、卫星星历误差、电离层延迟以及对流层延迟误差就近似相同或高度相同,采用适当的数学模型即可消除或者减小上述误差,基准站将误差改正数通过数据链路发送给流动站,加入改正数之后的流动站定位精度将大幅提高。

相对定位既可作静态定位,也可作动态定位,其结果是获得各个待定点之间的基线向量,即三维坐标差:Δx,Δy,Δz。GNSS 动态相对定位技术包括载波相位差分技术(Real Time Kinematic,RTK)和实时动态码相位差分技术(Real Time Differential,RTD)。RTK 是在流动站和基准站之间利用载波相位观测值的一种实时动态相对定位技术。从测量精度方面来讲,RTK 在很短的时间内即可获得厘米级甚至亚厘米级精度的定位结果。

5.3.2.2 位移计

位移计主要用于采集边坡上两点间的相对位移变化量,它的功能是将边坡上两点的位移量转换成可计量的、成线性比例的电信号。当边坡裂缝产生位移时,与之相连的绳索被拉伸,带动位移计的传动机构和传感元件同步转动;当产生反向移动时,位移计内部的回旋装置将自动收回绳索;在位移计的量程范围内,无论绳索被拉伸或收缩,皆可输出一个与绳索移动量成比例的电信号;然后通过信号转换模块,将测量输出的电信号转换为 RS485 信号,经解码可得到边坡上两点的位移量。

利用位移计监测边坡位移时,位移计的两端分别固定在两个水泥墩上,传感器的钢丝绳垂直于边坡走向布设,钢丝绳上加装 PVC 管进行保护。若边坡产生位移,则两点间的距离发生变化,位移计则会产生相应变化。

5.3.2.3 雨量计

在降雨条件下,雨水会从坡顶、坡面及土体的裂隙入渗,从土体表层逐渐入渗到深部,使得土体的抗剪强度减小,易造成边坡发生失稳破坏;另一方面,当降雨量较大时,边坡土体表面的水分会形成坡面径流,沿坡面流动的雨水会对边坡表面土体产生很强的冲刷作用,从而造成土坡破坏。降雨强度和降雨持时对边坡影响重大,小强度降雨易导致浅层或局部滑坡,大强度降雨会导致雨水渗入滑坡体深部从而使得其含水率迅速增大,进而可能导致滑坡整体失稳。因此对降雨量进行监测是边坡自动化监测常用手段。

雨量计的工作原理是通过容栅位移传感器检测降雨量,把降雨量变成数字电信号,再经计算机处理,转换成 RS232/RS485 信号并输出。可以直接连接用户计算机,组成可靠的雨量自动监测、报警系统。

5.3.2.4　导轮式固定测斜仪

导轮式固定测斜仪主要测量边坡深层倾斜位移。在边坡监测部位钻孔,安装带导槽的测斜管,利用重力加速度计,同时测量 x、y 两个方向的倾斜变化,通过计算可以得出该点的倾斜方向与倾斜角度,可直接实现自动化数据采集。

5.3.2.5　视频监控设备

视频监控设备用于监测边坡现场实时视频图像。监控站通过无线网络进行数据传输,将视频图像实时传输到监控中心。

视频监控设备采用移动侦测技术,可实现无人值守监控录像和自动报警功能。移动侦测技术可在指定区域内识别图像的变化,检测运动物体的存在并避免光线变化带来的干扰,可以降低人工监控成本,并且避免人员因长期值守疲劳而导致的失误,可以极大地提高监控效率和监控精度。

5.3.3　典型边坡监测设计案例

5.3.3.1　监测内容

本案例对彩田路南侧洞门附近边坡施工进行在线监测。安装地表位移监测用 GNSS 接收机 8 个、内部位移监测用导轮式固定测斜仪 16 个、外观监测用固定高清摄像头 4 台、雨量监测用雨量计 2 个,布设系统桥架及线缆 1000m。监测内容见表 5-4。

监 测 内 容

表 5-4

序号	监 测 内 容	监 测 设 备	设备数量	监 测 目 的
1	地表位移监测	GNSS 接收机	8	监测落石、滑坡、裂缝病害
2	内部位移监测	导轮式固定测斜仪	16	监测滑坡内部变化
3	外观监测	固定高清摄像头	4	实时观察边坡外观
4	雨量监测	雨量计	2	监测雨量

5.3.3.2　监测断面

在距路线左侧隧道出口 15m 处布置 1 个断面(A1-1),见图 5-7;在右侧边坡布置 3 个监测断面,位于边坡检修道阶梯附近(B1-1、B2-2、B3-3),见图 5-8。

图 5-7　隧道进洞口左侧边坡监测断面布置平面图

图 5-8　隧道进洞口右侧边坡监测断面布置平面图

5.3.3.3　监测设备布置

1)断面 A1-1

路基布置 1 个视频监测点,一级边坡布置 1 个 GNSS 位移监测点、1 个视频监测点,二级边坡位置布置 1 个 GNSS 位移监测点,见图 5-9、表 5-5。

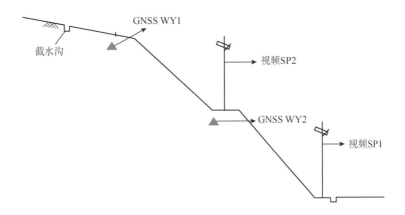

图 5-9　断面 A1-1 监测设备布置剖面图

断面 A1-1 监测设备　　　　　　　　　　　　　　　　　　表 5-5

监测项目	表面位移	表面位移	表面监测	表面监测
设备名称	GNSS 接收机	GNSS 接收机	固定高清摄像头	固定高清摄像头
编号	GNSS WY1	GNSS WY2	视频 SP1	视频 SP2
现场实景				

2）断面 B1-1

路基位置布置 GNSS 基点，一级边坡布置 1 个 GNSS 位移监测点，二级边坡布置 1 个 GNSS 位移监测点、1 个雨量监测点、1 个内部位移监测点（8 个导轮测斜仪），见图 5-10、表 5-6。

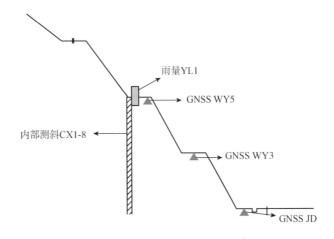

图 5-10　断面 B1-1 监测设备布置剖面图

断面 B1-1 监测设备　　　　　　　　表 5-6

监测项目	表面位移	表面位移	表面位移	雨量	内部位移
设备名称	GNSS 接收机	GNSS 接收机	GNSS 接收机	雨量计	导轮式固定测斜仪
编号	GNSS JD	GNSS WY3	GNSS WY5	YL1	CX1-8
现场实景					

3）断面 B2-2

路基布置 1 个视频监测点，一级边坡布置 1 个视频监测点，见图 5-11、表 5-7。

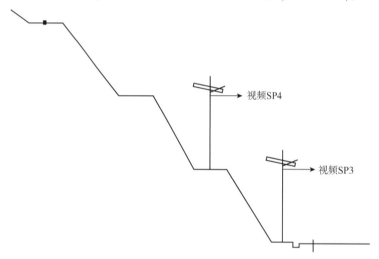

图 5-11　断面 B2-2 监测设备布置剖面图

断面 B2-2 监测设备　　　　　　　　表 5-7

监测项目	表面监测	表面监测
设备名称	固定高清摄像头	固定高清摄像头
编号	视频 SP3	视频 SP4
现场实景图		

4) 断面 B3-3

路基位置布置 GNSS 基点,一级边坡布置 1 个 GNSS 位移监测点,二级边坡布置 1 个 GNSS 位移监测点、1 个雨量监测点、1 个内部位移监测点(8 个导轮式固定测斜仪),见图 5-12、表 5-8。

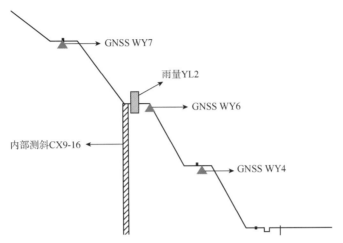

图 5-12 断面 B3-3 检测设备布置剖面图

断面 B3-3 监测设备 表 5-8

监测项目	表面位移	表面位移	表面位移	雨量	内部位移
设备名称	GNSS 接收机	GNSS 接收机	GNSS 接收机	雨量计	导轮式固定测斜仪
编号	GNSS4	GNSS WY6	GNSS WY7	YL2	CX9-12
现场实景图					

5.3.3.4 布点信息

监测设备布点信息见表 5-9。

监测设备布点 表 5-9

序号	监测项目	监测传感器	传感器型号	编号	获取参数	布点位置
1.1	地表位移监测	GNSS 接收机	MAS-M300	JD	三维坐标(X、Y、Z)	右侧边坡
1.2	地表位移监测	GNSS 接收机	MAS-M300	WY1	三维坐标(X、Y、Z)	左侧边坡
1.3	地表位移监测	GNSS 接收机	MAS-M300	WY2	三维坐标(X、Y、Z)	左侧边坡
1.4	地表位移监测	GNSS 接收机	MAS-M300	WY3	三维坐标(X、Y、Z)	右侧边坡

序号	监测项目	监测传感器	传感器型号	编号	获取参数	布点位置
1.5	地表位移监测	GNSS 接收机	MAS-M300	WY4	三维坐标（X、Y、Z）	右侧边坡
1.6	地表位移监测	GNSS 接收机	MAS-M300	WY5	三维坐标（X、Y、Z）	右侧边坡
1.7	地表位移监测	GNSS 接收机	MAS-M300	WY6	三维坐标（X、Y、Z）	右侧边坡
1.8	地表位移监测	GNSS 接收机	MAS-M300	WY7	三维坐标（X、Y、Z）	右侧边坡
2.1	内部位移监测	导轮式固定测斜仪	MAS-GGC01	CX1	X、Y 方向水平位移	右侧边坡测斜孔 K1
2.2	内部位移监测	导轮式固定测斜仪	MAS-GGC01	CX2	X、Y 方向水平位移	右侧边坡测斜孔 K1
2.3	内部位移监测	导轮式固定测斜仪	MAS-GGC01	CX3	X、Y 方向水平位移	右侧边坡测斜孔 K1
2.4	内部位移监测	导轮式固定测斜仪	MAS-GGC01	CX4	X、Y 方向水平位移	右侧边坡测斜孔 K1
2.5	内部位移监测	导轮式固定测斜仪	MAS-GGC01	CX5	X、Y 方向水平位移	右侧边坡测斜孔 K1
2.6	内部位移监测	导轮式固定测斜仪	MAS-GGC01	CX6	X、Y 方向水平位移	右侧边坡测斜孔 K1
2.7	内部位移监测	导轮式固定测斜仪	MAS-GGC01	CX7	X、Y 方向水平位移	右侧边坡测斜孔 K1
2.8	内部位移监测	导轮式固定测斜仪	MAS-GGC01	CX8	X、Y 方向水平位移	右侧边坡测斜孔 K1
2.9	内部位移监测	导轮式固定测斜仪	MAS-GGC01	CX9	X、Y 方向水平位移	右侧边坡测斜孔 K2
2.10	内部位移监测	导轮式固定测斜仪	MAS-GGC01	CX10	X、Y 方向水平位移	右侧边坡测斜孔 K2
2.11	内部位移监测	导轮式固定测斜仪	MAS-GGC01	CX11	X、Y 方向水平位移	右侧边坡测斜孔 K2
2.12	内部位移监测	导轮式固定测斜仪	MAS-GGC01	CX12	X、Y 方向水平位移	右侧边坡测斜孔 K2
2.13	内部位移监测	导轮式固定测斜仪	MAS-GGC01	CX13	X、Y 方向水平位移	右侧边坡测斜孔 K2
2.14	内部位移监测	导轮式固定测斜仪	MAS-GGC01	CX14	X、Y 方向水平位移	右侧边坡测斜孔 K2
2.15	内部位移监测	导轮式固定测斜仪	MAS-GGC01	CX15	X、Y 方向水平位移	右侧边坡测斜孔 K2
2.16	内部位移监测	导轮式固定测斜仪	MAS-GGC01	CX16	X、Y 方向水平位移	右侧边坡测斜孔 K2
3.1	视频监控	摄像头	DS2DF8225IH-A	SP1	视频图像	左侧边坡
3.2	视频监控	摄像头	DS2DF8225IH-A	SP2	视频图像	左侧边坡
3.3	视频监控	摄像头	DS2DF8225IH-A	SP3	视频图像	右侧边坡
3.4	视频监控	摄像头	DS2DF8225IH-A	SP4	视频图像	右侧边坡
4.1	雨量计	雨量计	MAS-YLJ-Z	YL1	雨量	右侧边坡
4.2	雨量计	雨量计	MAS-YLJ-Z	YL2	雨量	右侧边坡

5.3.3.5　数据传输

自动化监测数据传输使用分布式无线数据传输节点(图 5-13),该产品集太阳能供电系统、锂电池、无线传输模块于一体,集成了振弦传感器以及 RS485 类传感器的测量电路,通过开关扩展到多路输出,让节点自动识别型号、类型,改变传统振弦和数字信号需要使用不同采集仪的弊端。现场传感器通过有线的方式与无线传输节点连接,无线传输节点数据通过内置的 GPRS(General Packet Radio Service,通用分组无线业务)传输模块将数据直接上传到云端。

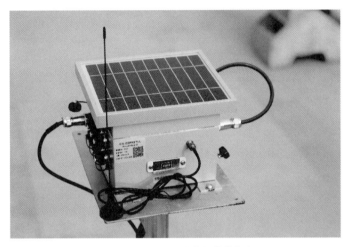

图 5-13　分布式无线数据传输节点

1)工作原理

分布式无线数据传输节点基于 GPRS 技术,节点内部集成了振弦传感器以及 RS485 类传感器的测量电路,并通过开关扩展到多路输出。

节点内置大容量锂电池作为电源,驱动整个模块工作;外置太阳能电池板,提供长期的续航能力。可根据需求设置采集周期,每个采集周期内,节点唤醒并采集一次,采集结束后休眠,等待下一个采集周期再唤醒。这种工作模式大大降低了节点的电耗,实现低功耗工作,保证节点在仅靠太阳能供电的情况下也可正常运行。节点内置 2 兆(MB)的存储器,用于备份采集到的数据(循环存储),当网络故障导致节点不能及时上报数据时,节点会进行自动采集,当网络正常后再将上传数据。

2)主要技术指标

分布式无线数据传输节点的主要技术指标见表 5-10。

分布式无线数据传输节点　　　　　　　　　　　　　　　　　　表 5-10

指　　标	参　　数
频率读数	
测量范围	400~3800Hz
分辨率	0.01Hz
频率精度	±0.05Hz

指　　标	参　　数
时基精度	$\pm 3 \times 10^{-5}$ s
温度读数	
传感器类型	数字温度传感器
测量范围	数字温度传感器:$-20 \sim 70$℃
分辨率	0.01℃
温度精度	± 0.5℃
存储	
内存	2MB
数据容量	4000条(循环存储)
通信	
通信方式	RS485
RS485参数	9600 band,8 bit,1 stop,no parity
电源输出功率	12V/200mA(最大值)
DTU	
型号	MAS-DTU-CM2G-Z
网络制式	移动2G
物理	
操作温度范围	$-20 \sim 60$℃
存储温度范围	$-30 \sim 70$℃
电源	3.7V/10Ah 聚合物锂电池
天线形式	吸盘天线(默认)
太阳能电池板	5V/3W
续航能力	无太阳能电池板充电条件下:连续工作12d(采集粒度30min,4个测斜仪,4个振弦)
静态电流	休眠时1mA(25℃),静态电流300mA(25℃)
质量	2.3kg
长×宽×高(太阳能电池展开时)	180mm×260mm×260mm

3)安装方法

传感器安装好之后,在就近且方便的位置,使分布式无线数据传输节点的太阳能板朝向正南方向,确定配套立杆的安装位置并做好记号。

在电锤钻头上用记号笔或胶带标记钻孔深度,钻孔深度应为膨胀螺栓底部至顶部螺母下边沿长度(图5-14)。电锤选用直径12mm的钻头,并在上一步标记的固定点处钻取安装孔。

利用铁锤轻敲,把M10膨胀螺栓塞入安装孔内,接着把螺帽拧紧2~3圈,待膨胀螺栓比较紧而不松动后拧下螺帽,再把方形套管底部法兰圆孔对准膨胀螺栓嵌入(注意方形套管带记号面朝正南方向），然后逐个安装膨胀螺栓垫片、弹簧片，拧紧。

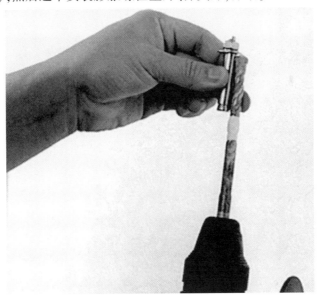

图 5-14　钻孔深度标记

　　把测斜仪线缆及其他振弦类传感器线缆从方形套管顶部出口引出接线（导轮式固定测斜仪及振弦传感器线缆在方形管内预留长度不小于 2m），振弦类传感器按《线缆接线及线缆标识工艺》规定的方法接线，导轮式固定测斜仪同航插线对接按测斜仪与分布式无线数据传输节点接线规则接线。

　　各传感器线缆对接完毕后，把传感器线缆从方形管顶部出线孔引出，然后用螺栓将分布式无线数据传输节点紧固于安装板上，且分布式无线数据传输节点的太阳能电池板位于同一侧，接着通过螺栓固定安装板，如图 5-15 所示。

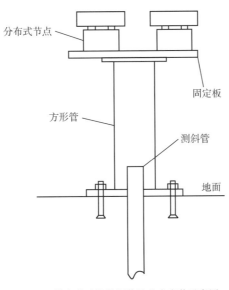

图 5-15　分布式无线数据传输节点安装示意图

把各传感器引出线接至分布式无线数据传输节点各输入口上。现场安装效果如图5-16所示。

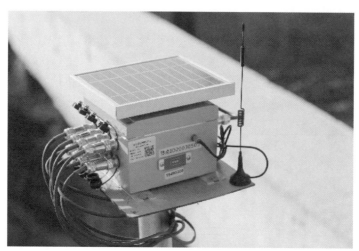

图5-16　分布式无线数据传输节点安装效果图

5.4　数据传输系统

利用5G(第五代移动通信)技术与多种先进传感器融合适配的传输技术与方案,开发边缘计算网关设备,形成多传感器共用的5G通信终端,实现基于5G技术和物联网技术的数据传输方案。数据传输架构见图5-17。

5.4.1　边坡智慧监测系统架构方案

目前,基于传感器采集的数据,构建了各种相互孤立的信息采集系统平台,形成在架构上相互孤立的信息孤岛。新的应用需求需要融合多种边坡信息,需要和多种信息采集系统对接,对接接口各式各样,人为给应用系统的架构带来复杂性。

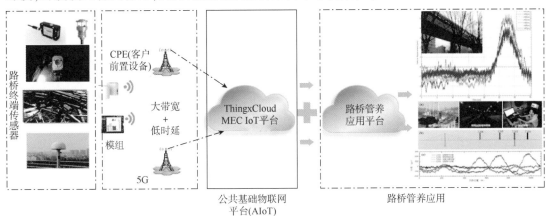

图 5-17　数据传输架构图

通过采用 5G 技术和物联网技术,规划全新的边坡智慧监测系统架构,使边坡上各种监测传感器通过 5G 网络直接和公共基础物联网平台(AIoT)对接,直接将感知到的信息传递到 AIoT,AIoT 对传感器感知的信息进行消息格式的规范,重新按统一的格式、编码等进行数据处理,根据业务的需要,形成统一、规范的路桥信息数据;然后在 AIoT 通过统一的接口向上层各种路桥管养业务开放数据,同时提供基础功能供上层应用使用,如远程操控传感器终端、摄像头的能力,消息推送的能力等。

5.4.2　各种终端传感器接入协议适配

边坡智慧监测应用需要在 AIoT 接入不同类型和厂家的传感器,不同传感器的信息感知采集都和上层对应应用相关联,终端接入的协议也因不同厂家和场景而各式各样。首先,研究这些传感器,对其进行归类,形成行业标准;然后,AIoT 对每类接入设备的协议进行适配、解析(图 5-18),按统一的消息格式进行处理、存储。

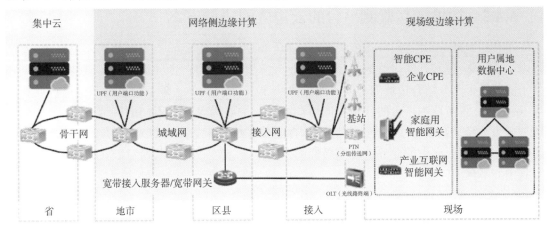

图 5-18　终端适配协议图

该研究的难点在于接入传感器的合理归类和消息协议的选择合理。合理的协议归并,可以极大地简化平台系统软件的复杂度,更好地支持上层应用的数据融合。

5.4.3　各类边坡对象的数字孪生体定义

AIoT 接入各类边坡传感器终端后,接受其感知采集的信息,需要在该平台上按组件、面向对象的思想,对边坡上的各种终端进行数字化抽象,在软件信息空间对实体边坡映射抽象出对应的数字孪生体,在软件信息空间需要按属性、事件、方法对真实的边坡物理世界进行数字孪生体的抽象。根据边坡智慧监测的实际业务需求,需要对边坡上的每种对象定义数字孪生规范,形成统一、规范的边坡智慧监测数字孪生对象定义。

该研究的难点在于统一的数字孪生定义,需要严格分析边坡物理空间中各种对象的实际关系,抽象、定义出一套适合边坡智慧监测的数字孪生对象。

5.4.4　上层应用的统一开放接口和信息安全受控机制

AIoT 采集、感知到各种边坡信息后,通过各种对应的孪生终端对象,基于各种业务规则完成对应信息的初步处理,按统一的接口向上层的边坡管养业务应用开放,开放各种路桥对象的消息、提供各种上层应用需要的基础能力等。这种开放的接口规范,使该开放接口对各种应用都是合适、恰当的,开放的功能都是完备的,数据信息和基础能力都是安全受控的,简化上层管养业务应用的软件架构,降低应用的开发难度。同时,该统一开放接口可以不断迭代演进,适应创新的管养业务应用。本研究的难点在于统一开放接口提供功能的完备性、开放性、演进的前后兼容性。

新型的边坡智慧监测应用系统需要在系统架构层、信息传输的网络层、信息的应用层、信息的储存处理层以及系统运行层等考虑信息的安全性。信息安全受控需要按信息的所有者、信息的消费使用者、信息的经营处理者等层面,按不同粒度对信息进行分级、分类,然后按不同的授权、审计进行权限管控,对数据的传输处理、储存采用不同的加密算法规则,对应用功能系统进行分权分域控制,最终的目标是保障信息完备、安全、受控。该研究的难点在于基于成本效率选择合适的安全策略。

5.4.5　边坡智慧监测平台的云边协同协调方案

边坡的地理分布广泛,分布范围大,数量众多,边坡上需要监控管理的对象也众多,通过技术手段采集、感知到的边坡信息量巨大,业务应用场景丰富,各种场景对实时性、网络带宽要求的差异很大。结合边坡的不同管理区域,架设云边协同的边坡智慧监测系统进行业务支撑,确定边坡智慧监测平台的云边协同协调方案。主要内容是按不同的区域划分,将整个系统划分为边缘平台和中心平台。在边缘平台支撑完成日常边坡养护业务以及对实时性要求高、对网络带宽要求大的业务。对全局性的监控业务、管理业务等,通过云边协同,将信息同步到中心平台。

5.4.6　监测设备无线通信传输方法

无线通信是利用电磁波信号在自由空间中传播的特性进行信息交换的一种通信方式。相对于有线通信,无线通信技术具有通信成本较低、网络扩展性强、故障易诊断以及远程维护便捷等特点。尤其是对于复杂的地形条件(如山区、丘陵等),有线通信布线施工难度很大,人力物力投入巨大,而无线通信就展现出独特的优势,不受环境地形的限制,灵活性强,根据不同环境的需求做出相应的调整即可。

近年来,传感器技术得到了飞速发展,使得边坡监测技术手段有了新的突破,边坡监测正朝着自动化、智能化的方向发展。在使用传感器对边坡进行监测时,传感器要和数据服务中心建立通信,将信源的数据原样传输到信宿。在边坡实时监测技术中,数据通信技术是重要的技术支撑。由于大多数边坡地处偏远地区,和数据处理终端建立有线网络连接的可能性较小,基于此,目前适用于边坡监测的无线通信传输技术主要有:GPRS(通用无线分组业务)、LoRa(远距离无线电)、扩频通信、卫星通信及短波通信。

5.4.6.1　GPRS

GPRS 是由中国移动开发运营的一种基于 GSM(全球移动通信系统)的无线分组交换技术,它以"分组"的形式将数据传送到用户端。GPRS 是一项高速处理数据的 2.5 代通信技术,提供端到端、广域的无线连接,该技术是 GSM 网络向第三代移动通信系统的过渡技术,具有数据传输速率高、无线资源利用效率高、连接建立速度快、计费方式合理等特点。

GPRS 的工作原理为:用户设备采集的数据通过 RS232 或者 RS485 接口传至 GPRS DTU(数据传输单元),进入 GPRS DTU 的数据被封装成适合网络通信的数据包后发送至 GPRS 网络,接着在 Internet 上传输至指定的服务器,最后被服务器上的用户数据中心所读取,如图 5-19所示。

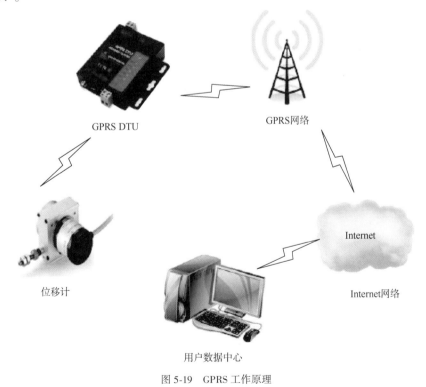

图 5-19　GPRS 工作原理

目前,边坡监测大多使用 GPRS 进行数据传输,其资费较低,数据传输稳定,传输距离一般不受限制。

5.4.6.2　LoRa

LoRa 是低功耗广域网通信技术中的一种,是基于扩频技术的超远距离无线传输技术。之前,数据传输的距离远近与功耗大小是一对矛盾体,即低功耗传输的距离近、远距离传输所需功耗高,所以传输数据时只能在远距离和低功耗之间做取舍,考虑一种折中方式。2013 年 8 月,Semtech 公司发布了基于 1GHz 以下的超长距低功耗数据传输技术(简称"LoRa")的新型芯片,使得数据远距离传输兼具低功耗成为可能,实现了低功耗和远距离传输的统一,在同样的功耗下,LoRa 的传输距离是传统无线射频通信距离的 3~5 倍。目前,LoRa 主要在 ISM (Industrial Scientific Medical)频段运行,主要包括 433MHz、868MHz、915MHz 等。

GPRS 技术在边坡监测数据传输中的应用非常普遍。但是,由于一些边坡地处偏远山区,GPRS 网络信号质量较差,无法正常完成监测数据的传输任务,而 LoRa 可以成功解决这一难题。

5.4.6.3　扩频通信

扩频通信技术是由海蒂·拉玛发明的一种信息技术,即扩展频谱通信技术(Spread Spectrum Communication),其传输信息所用信号的带宽远大于信息本身带宽。扩频通信技术最早应用于军事领域,近年来,该技术在电力系统应用广泛,提升了电力通信的安全可靠性和便捷度。扩频通信技术在通信领域中的应用效果显著,中国电信的 CDMA(Code Division Multiple Access,码分多址)无线通信系统就是基于扩频通信技术的。

5.4.6.4　卫星通信

卫星通信是指利用人造地球卫星作为中继站转发或反射无线电信号,在卫星通信地球站之间或地球站与航天器之间的通信。卫星通信是在航天技术和现代通信技术的基础上诞生的,它继承和发展了地面微波通信技术。卫星通信系统主要由空间段、地面段和控制段三部分组成:空间段主要包括在空间轨道上作为无线电中继站的人造地球卫星,通常称为通信卫星;地面段主要指地球站,包括空中移动站、陆上移动站和远洋轮船站等;控制段主要包括中央站、遥测和遥控设施系统等地面核心配置。

卫星通信通常采用微波频段(300MHz~300GHz)。卫星通信系统中,地面用户发出的信号经地面通信网络传输至地球站,地球站采用特定的通信体制处理信号并通过天线发射。信号经过空间链路后,由星载接收天线接收、转发器进行变频转发后,通过星载发射天线发射到接收地球站。接收地球站对收到的已调射频载波进行相应处理,恢复有用信息,再通过地面网络传送给目标用户。

卫星通信在边坡监测中具有突出的特点:覆盖范围广,对地面环境适应力强,只要在卫星覆盖的区域内便可实现边坡监测传感器与服务器、用户数据中心的数据交流;通信距离远,通信成本与通信距离无关;组网方式灵活,数据传输安全可靠,对地面基础设施依赖程度低,机动性强。卫星通信的不足之处在于具有一定的信号延迟,通信传输距离越远,信号传输时延越大,较难支持对时延敏感的业务。

5.4.6.5　短波通信

短波通信是指利用短波进行的无线电通信。按照国际无线电咨询委员会的划分,短波是指波长为 10~100m、频率为 3M~30MHz 的电磁波。短波通信包括地波和天波两种传播形式。地波沿地球表面传播,适用于近距离通信,数据传输比较稳定,大气噪声、天电干扰等因素对地波传播的影响小,信道参数基本不随时间变化。天波传播是短波通信的主要形式,它通过电离层反射传播,适用范围广,传输距离最高可达 10000km,且不受地面障碍物的影响。

短波通信是唯一不受网络枢纽和有源中继体制约的远程通信手段。短波通信组网方便灵活,具有很强的自主通信能力和抗灾害干扰能力。与 GPRS 和卫星通信相比,短波通信无须运营商,不用支付费用,应用于边坡监测的成本较低。长期以来,短波通信在军事、气象、灾害监测等领域的应用效果显著。

5.5　查询与统计系统

5.5.1　边坡基础信息查询与编辑

5.5.1.1　图形显示功能

系统主界面中左边线为线路的平面图,所有图形操作都是针对该视图。右上部分为图层管理视图,控制图层在视图中是否可见。右下部分为视图,显示全图,中间有一个小框,框中内容为主视图显示内容,拖动小框可以调节主视图显示的范围,主要功能如下:

①放大:可以直接点击放大,也可以拉一矩形框,放大矩形框里的内容。

②缩小:按一定比例缩小。

③自由缩放:按住鼠标左键拖住鼠标,可以放大也可以缩小视图。

④漫游:可漫游查看模型。

⑤全图显示:把所有可见图层的所有内容显示在视图中。

5.5.1.2　点的定位查询功能

系统提供图形和属性检索、图形和外挂数据联动检索,支持"并集"方式,检索结果(无论是图元还是属性)能立即显现,其查询结果可直接形成数据文件,主要功能如下:

①里程跟踪:鼠标移近该点时,自动显示该点里程。

②属性查询:选中工程点后,弹出属性框,显示该对象的属性。

③资料查询:选中工程点后显示该点的所有资料,可以浏览、维护此资料。

④工程定位:设置需要查询的工程点后,系统定位到该点,以该点为中心,显示该点的数据。找到工程点后,该工程点闪烁显示。

属性查询逻辑流程如图 5-20 所示。

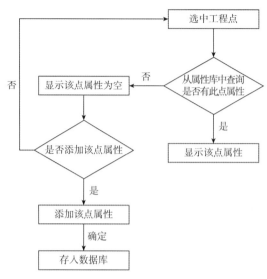

图 5-20　属性查询逻辑流程图

5.5.1.3　图形编辑功能

根据空间图形的特点实现、线、面三种图形元素及其属性数据的编辑,并能进行拓扑处理,便于空间分析模型的应用。图形编辑包括点、线、面、文本编辑。为了实现图形的完美输出,系统提供数字制图功能,完成图形的编辑制作操作,主要功能如下:

①点编辑:可以增加、删除工程点要素,设置工程点显示方式(包括点型选择、大小、颜色)。

②线编辑:可以增加、删除线要素,设置线的显示方式(包括线型、线的粗细、颜色等)。

③面编辑:包括圆形、矩形、三角形、圆角矩形、椭圆等。

④文本编辑:包括大小选择、颜色选择、字体选择和字体格式选择(加粗、斜体、下划线等)。

5.5.1.4　数据信息统计功能

主要对坡高、岩性、病害类型、病害规模等进行统计和交叉统计,使用户及时了解相关信息。统计信息以报表和图形的形式直接显示。

5.5.1.5　系统统计功能

统计功能是系统的主要功能。统计项目类型多,内容丰富,开发难度较大。按照用户在菜单中选择的统计或综合统计条件,在窗体上分柱状图、表格、地图三部分显示。在菜单下可进一步选择。

柱状图部分按照不同的病害类型进行统计并自动绘制柱状图,可以直接地显示坡高、病害类型、病害规模等之间的关系。表格部分将统计出的符合统计条件的各种工点个数显示在表格中,点击某一项的工点个数,在表格旁边显示具体工点名称。地图部分以不同颜色在地图上显示该统计条件下的工点。

可以选择需要显示的工点,将不需要显示的工点的颜色前面的勾去掉即可。可以对工点进行缩放操作。

5.5.1.6　调查资料存储、查询功能

在边坡调查信息数据库管理模块中,选中边坡里程编号可以查看边坡基本内容和调查信息。在边坡列表下面有"添加"和"删除"按钮,可添加、删除边坡调查信息。如果要对边坡信息进行修改,直接在右侧"信息显示"栏修改后保存,即可更新数据库内容。

为了使用方便,同时增强文件资料的信息安全性,边坡基础信息数据(如地质勘探、设计、监测、照片、视频、竣工资料等)文件资料存放于服务器中。

5.5.1.7　边坡实时监测数据查询功能

1)网页数据查询

可以通过常用的浏览器直接在网页端查看传感器数据,无须安装任何软件,无须接口,方便各使用单位及个人及时采集数据。

2)客户端数据查询

利用安装在计算机的客户端进行授权登录查询,采用本地服务器储存方式,可以有效保证信息安全性,同时可以避免因网络问题导致查询大量数据受限制。

3)移动端数据查询

手机移动端可以随时随地录入和查询信息,与客户端和网页端数据同步更新。

5.6　边坡安全性和风险性评价与决策系统

5.6.1　评价指标选取原则

边坡失稳破坏是地质环境变异的结果,而地质环境是一个由众多因素组成的复杂体系。如何合理地把握这些因素,并确定它们对边坡失稳破坏发生过程和危害的影响程度,是边坡评价的难点。

边坡安全性和风险性评价指标选取,旨在根据边坡基本资料、巡检资料及调查数据建立科学的数学模型,选取合理的评价方法,为边坡的养护、维修和管理决策提供依据。为了保证边坡安全性和风险性评价的客观性和准确性,必须建立一套规范合理的评价指标体系。评价指标可通过感性认识与历史经验进行判断,也可通过对客观资料与风险事故记录进行分析总结,或通过必要的专家访问直接获取,从而辨识各种边坡破坏现象、潜在风险及其损失规律。为了客观准确地进行边坡安全风险评价,必须对影响边坡稳定性的各因素(如边坡地质环境、工程基本特性、结构缺失情况、外界环境因素等)进行量化处理和分类评价,并采用适当的方法对其进行综合评价。

建立边坡安全性和风险性评价体系的原则有以下几点:

①科学性原则。只有建立在科学的理论基础之上,做到理论和实际相结合,评价指标易被辨识,基本概念清晰,逻辑推理严谨、合理,才能使构建的评价体系更加科学、合理。

②综合性原则。选取的指标要综合反映评价内容,只有建立全面、系统的指标体系,才能正确评价边坡所处的安全状态及风险大小。因此,在基础资料处理和外业调查过程中,应对数据进行全面调查、系统分析,避免遗漏。

③独立性原则。所选取的指标之间若有强烈的相关性,则当某一指标发生变化时,另一相关变量会随之改变,即指标之间非正交,往往造成评价模型失真。因此,选取的指标应各自相对独立,减少各指标的交叉重叠,使各项指标连接成有机整体。

④主导性原则。边坡失稳影响因素众多,但主要因素往往是众多指标中的一个或多个,在构建边坡安全性和风险性评价指标体系时,不同指标间的权重差异极其重要。由于边坡失稳破坏的原因广泛而复杂,因此进行边坡评价时,想要纳入所有反映边坡失稳形成条件的要素,不但不可能,而且不必要。因此,要将对边坡安全有直接关系或重要作用的要素纳入指标体系,舍去间接的、次要的要素指标。分清主次关系,找出主导性因素,合理确定评价指标,可以使边坡分析评价更加科学明了。

⑤定性定量结合原则。指标的选取要做到定性与定量相结合。定性分析是定量分析的前提与基础,没有定性的定量是一种盲目的、毫无价值的定量。定量分析使定性分析更加科学、准确。两者结合互补,分析结果才具有更强的科学性。

5.6.2　边坡安全性评价体系建立

影响边坡安全性的因素包括静态因素和动态因素两类。边坡失稳往往受各种静态因素和动态因素的共同作用。

静态因素又可称控制因素,是指边坡所处的地质环境和边坡基本特征(如地层岩性、地质构造、边坡断面几何特征等),这些因素在短时期内是基本稳定的,它们控制着边坡失稳类型和可能的失稳规模等。

动态因素是公路运营过程中影响边坡安全性的外部因素(如降雨、人类活动影响等),这些因素是动态变化的,往往会加速边坡失稳发生。

5.6.3　边坡风险性评价体系建立

边坡安全性评价体系能够对边坡安全性现状做出正确评价,同时可根据边坡所处的安全状态选择合适的养护、维修方法。而对于公路边坡,随运营时间的增长,边坡安全性状况不断恶化,导致边坡出现失稳的风险因素也不断发展,对于养护管理者而言,为制定科学合理的养护计划,更希望对边坡的风险状况有所认识,因此有必要进行边坡风险性评价。

一般来说,风险评价指对不良结果或不期望事件发生的概率进行定量描述的系统过程,或者说,风险评价是对特定期间,安全、健康、经济等受到损害的可能性及程度做出评估的系统过程。就边坡而言,边坡风险评价可定义为:由于某影响因素引起的边坡灾害发生的概率及其对人类社会产生的危害进行定量描述的系统过程。边坡风险性评价是建立在对风险因子进行科学、系统分析的基础上,对主要风险因子进行深入调查并获取指标数据的一种评价方法,它是深化对边坡认识、辅助养护维修决策的必要途径。

5.6.4　边坡风险性评价方法

边坡风险性评价的方法很多,多采用边坡灾害易发性、危险性和易损性的基本模式,或采用危险性与易损性组合的方式来综合确定边坡风险,即边坡危险性评价与易损性评价是边坡风险性评价的基础,而很少将边坡病害发展状况作为风险因素引入风险性评价体系进行研究,以及集边坡安全性和风险性评价于一体进行关联研究。实际上,边坡安全性评价中的地质环境、工程特性与水文地质条件等指标是边坡灾害形成的基本因素,反映的是边坡灾害的易发程度,即易发性;边坡破损状况指标,反映边坡失稳诱发灾害的危险程度,即危险性。因此,基于边坡安全状况进行边坡风险性评价,除边坡安全性评价中的易发性与危险性评价因子外,尚需引入易损性评价因子。边坡病害发展快慢直接影响边坡灾害发生的概率及频率,在边坡失稳破坏能力相当时,病害发展越快,边坡危险性就越高,反之亦然。而对于边坡病害发展状况,一般可借助边坡智慧监测平台,通过大数据的收集、整理、统计分析,引入定量评价指标,实现边坡风险性自动化评价。

5.6.5　自动化评价系统

边坡治理工程评价系统软件是系统功能的最终体现。通过建立既定的边坡安全性和风险性评价指标体系,利用边坡智慧监测平台,自动监测数据,根据评价指标体系自动生成边坡安全和风险评估报告。

同时,随着时间推移和外界环境的影响,如大气降雨、风化、裂隙张开、加固结构损坏等其他因素的影响,边坡本身固有的属性逐渐发生动态变化,其安全性和风险性也随着时间而动态变化。因此,边坡智慧监测平台对每段信息都添加时间信息,可以查看不同时间段的监测信息,方便获取边坡状态随时间的变化规律。

5.7　平台维护及管理

5.7.1　边坡基础信息数据库维护

该功能分为系统维护功能和数据维护功能。系统维护功能是对系统的用户进行操作,用户分为管理员用户和一般用户。数据维护功能包括属性维护和资料维护。

系统维护功能用来对用户进行添加、修改、删除、权限设置,设置用户组织、设置用户角色类型、新建项目、对新建项目进行人员配置。系统用户维护流程见图 5-21。

属性维护功能可对点的属性进行添加、修改、删除。

资料维护功能以大型二进制对象形式存放文件资料,可以对资料进行添加、修改、删除。资料来源、文件名、资料类型是必须字段。由于数据量较大,必须确定专门的数据录入程序。

5.7.2　边坡监测数据库维护

对于监测数据,一般采用云端服务器进行数据存储和获取。通过平台对监测设备进行管理,包括:对监测设备类型的设置、添加、删除和坐标定位,实现现场监测数据和平台三维图形的对应。

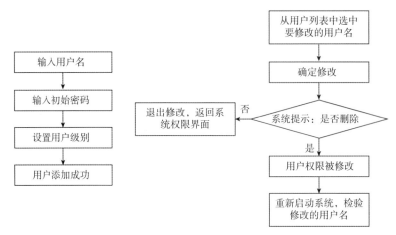

图 5-21 系统用户维护流程

5.8 平台使用说明

5.8.1 服务器平台推荐配置

5.8.1.1 硬件配置

服务器硬件配置要求如下:

①处理器:Intel Xeon E5 系列八核心处理器,频率大于 3.0GHz。

②内存:FB-DIMM-64GB DDR3,支持四位纠错、内存镜像、在线备份。

③硬盘:SAS(Serial Attached,串行连接)硬盘 2 个,容量不小于 1TB,转数不小于 15000r/min,支持热插拔。

④扩展卡槽位:至少 2 个。

⑤网络:集成,2 个 10/100/1000M-BaseT 光口以太网接口。

⑥USB 接口:至少 3 个。

⑦冗余电源、冗余风扇。

⑧远程管理卡或管理模块:支持远程监控图形界面,独立实现远程开机、关机、重启、虚拟软驱、虚拟光驱等操作。

⑨故障部件的快速诊断功能:在断电的情况下,能够通过诊断板快速定位故障的部件,提高维修速度。

5.8.1.2 软件配置

服务器软件配置如下:

①操作系统:Windows Server 2008 R2 或 Windows Server 2012。

②数据库:SQL Server2008 R2 或 SQL Server 2012(建议 SQL Server 2012 及以上)。

③可选择安装 Microsoft Office 和 Microsoft Project。

5.8.1.3　网络环境配置

网络带宽至少100M,平均速率至少50M/s,支持 20 个并发访问,具有固定静态网络地址,可连接因特网(外网)或专用网络。

5.8.2　客户端使用推荐配置

5.8.2.1　硬件配置

客户端推荐硬件配置如下:

①处理器:双核 3.0G 以上。

②内存:4GB 以上(建议 16GB)。

③显卡:独立显卡,1GB 独立显存及以上(建议 2GB),支持 Direct X11。

④硬盘:不少于 300GB。

⑤网卡:1 个 10/100/1000M-BaseT 光口以太网接口。

5.8.2.2　软件配置

客户端推荐软件配置如下:

①操作系统:Windows 8 及以上(建议 Windows 10)。

②系统组件:NET Framework 4.5。

③支持软件:Microsoft Project 2010,Microsoft Office 2010 或更高版本,AutoCAD 2015 或以上版本。

5.8.2.3　网络环境配置

网络带宽至少100M,平均速率至少50M/s,支持 20 个并发访问,可连接因特网(外网)或专用网络。

5.8.3　平台系统功能

5.8.3.1　用户登录界面

打开边坡质量智慧化监测管理云平台后,点击【登录】,系统弹出【用户登录】界面。界面上的主要内容为:

①【服务器】:供用户输入需要登录的服务器地址,点击服务器右侧小按钮"▤",可配置服务器地址和服务器备注,如图 5-22 所示。

②【用户名】:输入登录的用户名。

③【密码】:输入登录用户的密码。

④【记住密码】:勾选后,再登录相同用户时,系统自动填充密码,如图 5-23 所示。

图 5-22　服务器地址设置

图 5-23　记住密码

　　⑤【自动登录】：勾选后，再次打开系统时，系统自动登录上一次成功登录的用户，如图 5-24所示。

图 5-24　自动登录

注：若输入的服务器地址错误或无法成功连接，那么系统会提示"无法连接服务器，请检查网络或路由相关设置"（图 5-25）。同样的，若输入的用户名或密码错误，系统也会有相应的错误提示。

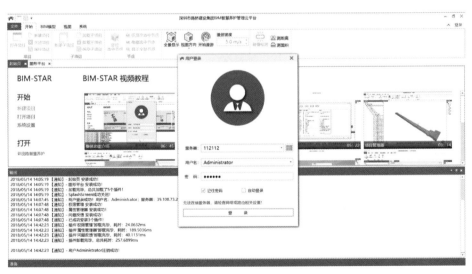

图 5-25　服务器地址错误

5.8.3.2　用户登录

第一步：双击桌面快捷方式进入系统，如图 5-26 所示。

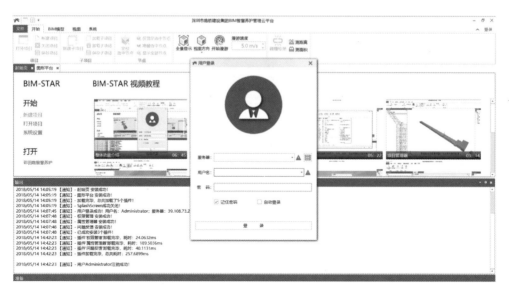

图 5-26　系统登录界面

第二步:输入服务器地址、用户名、密码,点击【登录】即可登录系统,如图 5-27 所示。

图 5-27　登录界面

第三步:点击勾选【记住密码】和【自动登录】,再次打开系统时无须输入密码,自动登录系统(每次打开系统时,默认的用户为上次登录的用户)。

5.8.3.3　用户注销

登录系统后,主界面的右上方会显示用户信息,如图 5-28 所示。点击登录的用户名,在弹出的窗口点击【注销】即可注销登录,如图 5-29 所示。

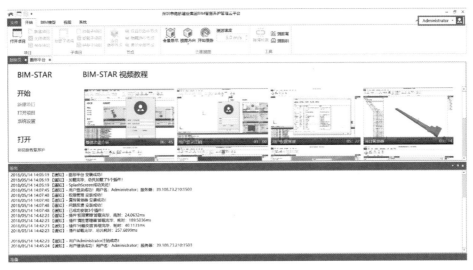

图 5-28　用户登录后界面

图 5-29　用户注销

5.8.4　边坡监测功能

边坡监测功能将传感器与 BIM 模型结合,精确反映设备布置和监测数据,对边坡安全状态进行实时监测,具体包括 5 个模块:添加监测点,监测设备管理,监测设备统计筛选,监测设备的增、删、改、查,显示/隐藏监测点。

5.8.4.1　添加监测点

根据监测点传感器特性和安装位置,填写传感器的名称,选择传感器编号和类型,在模型中定位监测点,设置预警阈值等,如图 5-30、图 5-31 所示。

5.8.4.2　监测设备管理

实现监测设备信息的统计筛选与查看,监测设备的增加、修改、删除,查看监测点的详细信息等功能。

图 5-30　添加桥梁监测点

图 5-31　在模型中定位监测点

5.8.4.3　监测设备统计、筛选

对已添加的监测设备进行统计,展示监测设备的名称状态等信息,提供筛选功能,可根据监测设备类型和状态进行分类展示,如图 5-32 所示。

5.8.4.4　监测设备的增、删、改、查

根据具体的操作需求,可对监测设备进行增加、修改、删除和查看详细信息等操作,如图 5-33~图 5-35 所示。

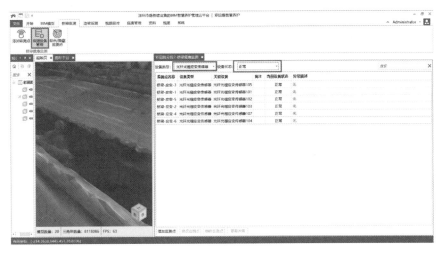

图 5-32　监测设备统计、筛选

图 5-33　监测设备修改

图 5-34　监测设备删除

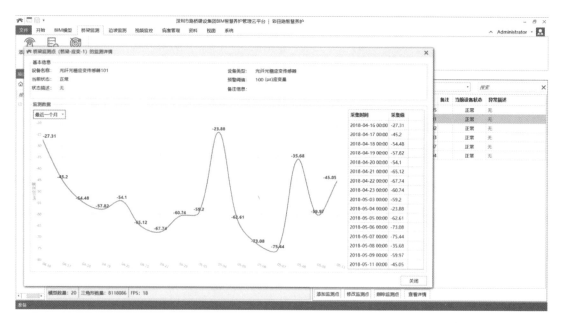

图 5-35　查看监测设备详情

5.8.4.5　监测图钉显示/隐藏

根据实际需求在图形平台中显示和隐藏监测点,通过单击监测点查看监测点详细数据,如图 5-36~图 5-38 所示。

图 5-36　显示监测点

图 5-37 隐藏监测点

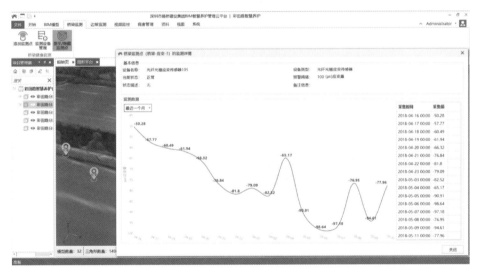

图 5-38 单击监测点显示监测详情

5.8.5 辅助功能

5.8.5.1 版本更新

选择菜单栏【系统】→【版本更新】,可查看是否有新版本发布。若有新版本发布,则可进入版本更新界面去下载最新版本的安装包并更新系统。如果所安装的系统已经是最新版本,则当点击【版本更新】时,系统会弹框提示已经是最新版本。

5.8.5.2 系统设置

选择菜单栏【系统】→【系统设置】,如图 5-39 所示。

图 5-39　打开项目前系统设置

5.8.5.3　起始页设置

点击菜单栏【系统】→【系统设置】,选择【起始页】,系统默认勾选了【启动时显示起始页】(图 5-40)。该选项使得每次打开系统时,系统默认打开起始页。

图 5-40　勾选【启动时显示起始页】

如果不需要每次打开都加载起始页,可以取消勾选【启动时显示起始页】(图 5-41),取消勾选后,下次再启动系统时,系统将不会打开加载起始页。

5.8.5.4　图形平台设置

点击菜单栏【系统】→【系统设置】弹框界面,选择【图形平台】,可以设置是否自动定位到选中构件、是否启用平滑缩放、是否选中组节点时高亮显示其下所有构件、是否图形平台崩溃后自动重新加载,也可以设置漫游时的旋转速度、爬升速度、俯仰速度、渲染阈值,如图 5-42 所示。

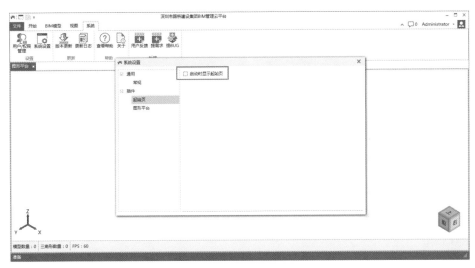

图 5-41　取消勾选【启动时显示起始页】

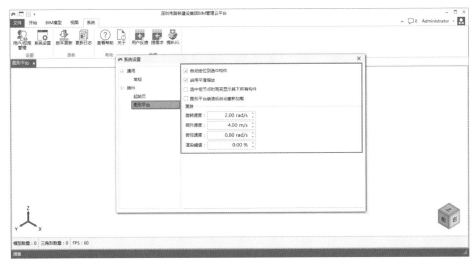

图 5-42　图形平台设置

5.8.5.5　用户/权限管理设置

系统为不同的管理部门、参与方等用户分别提供了不同的功能模块使用权限,从而保证了数据的安全性。

打开系统,选择菜单栏【系统】→【用户/权限管理】即可进入用户权限管理界面。系统管理员可以通过【用户/权限管理】模块进行如下操作:

①在【用户管理】界面中添加、修改、删除用户资料,分配用户所在的角色和组织,设置用户对某些功能模块的权限。

②在【角色管理】界面中添加、修改、删除角色资料,管理角色拥有的用户,设置角色对某些功能模块的权限。

③在【组织管理】界面中添加、修改、删除组织资料,管理组织拥有的用户,设置组织对某些功能模块的权限。

④在【项目管理】界面中添加、修改、删除项目/子项目,对用户/角色/组织将项目权限设置为【继承】、【禁用】、【允许】三种状态。

⑤在【模块管理】界面中,对用户/角色/组织将功能模块权限设置为【继承】、【禁用】、【允许】三种状态。

5.8.5.6 自动定位到选中构件

如果勾选了【自动定位到选中构件】,当打开项目后,选中某个构件时,不用再去选择菜单栏【开始】→【定位到选中节点】,系统就会自动定位突出并高亮显示选中的构件节点。

如果不需要在点击选中构件时就自动定位到构件节点,那么可以取消勾选【自动定位到构件节点】。

5.8.5.7 平滑缩放

如果勾选了【启用平滑缩放】,在进行放大/缩小图形操作时,将会有平滑缩放的效果,使得放大/缩小的操作看起来更顺畅。

系统会默认勾选【启用平滑缩放】,建议非特殊情况下不要取消勾选【启用平滑缩放】,避免影响体验效果。

5.8.5.8 选中组节点时高亮显示其下的所有构件

如果勾选了【选中组节点时高亮显示其下的所有构件】,当选中项目管理器中的非构件节点时,图形平台中会高亮显示选中的节点下所属的所有构件模型。

如果不需要在选中非构件节点之外的节点时都高亮显示当前选中节点下所属的所有构件模型,那么可以取消勾选【选中组节点时高亮显示其下的所有构件】。

5.8.5.9 图形平台崩溃后自动重新加载

某些特殊情况可能导致图形平台意外崩溃,如果勾选了【图形平台崩溃后自动重新加载】,那么在图形平台崩溃后,系统将自动重新加载图形平台以便使用。

一般情况下,图形平台不会发生崩溃。为防意外情况,依然建议勾选此选项。

第 6 章

应 用 案 例

6.1 案例 1:坪西路观音山边坡治理试验段

6.1.1 项目基本情况

坪西路是深圳市大鹏新区内一条重要的交通通道,现状坪西路观音山两侧边坡(图 6-1)采用浆砌片石挡墙防护,建成时间久远,局部存在鼓包、墙面破损、砌缝砂浆脱落和不美观等问题,亟待维修养护。

图 6-1　项目位置

考虑到边坡破损挡墙的危险性和危害性,立即对坪西路 K20+895～K20+990 段右侧边坡挡墙进行维修加固。现状边坡挡墙为浆砌片石挡墙(图 6-2),厚度 1～2m,边坡高度约 8m,拟治理长度约 90m,坡面面积约 1000m²。根据踏勘调查情况,坡体主要由残积土和燕山期全～强风化花岗岩组成,坡顶坡脚无序堆积少量填土,属土质边坡。该边坡潜在地质灾害主要为危及坡脚行车与行人安全,边坡工程安全等级为三级,边坡地质环境为中等复杂。

考虑到交通疏解压力大、时间紧张,采用新型预制拼装混凝土格构锚固技术对该边坡挡墙进行维修加固。

图 6-2 坪西路危险挡墙边坡实景模型

6.1.2 场地工程和水文地质情况

6.1.2.1 工程地质情况

场地内地层自上而下可分为 4 层:人工填土层、燕山期强风化层、中风化岩层及微风化层。分述如下:

1)人工填土层

杂填土:灰黄、灰色等,松散~稍密,用黏性土、粗砾砂回填,含 35%~60% 的花岗岩块石、碎石等,土质不均匀。

2)燕山期花岗岩

为燕山期花岗岩地层,本次勘察揭露其强风化带、中风化带及微风化带,分述如下:

①强风化花岗岩:褐黄、灰褐色,原岩结构、构造大部分破坏,清晰可辨,风化裂隙极发育,岩芯呈半岩半土状及碎块状,水浸软化。

②中风化花岗岩:灰白、褐黄色,原岩结构、构造较清晰,具花岗结构,较软岩,风化裂隙较发育,裂隙面矿物次生,铁染明显,岩石较破碎~较完整。

③微风化花岗岩:青灰、灰白色,原岩结构清晰,花岗结构,岩体较完整,较硬,锤击不易碎,基本无吸水反应,岩芯呈 5~40cm 短柱状,局部碎块状,岩体基本质量分级为Ⅱ级。

6.1.2.2 水文地质情况

场地地下水类型主要为孔隙潜水和基岩裂隙水。

孔隙潜水赋水介质主要为人工填土层,孔隙较大、连通性一般,属一般含水层,主要受大气降水补给,以向邻区排泄和蒸发为主。

基岩裂隙水赋存于基岩风化裂隙和构造裂隙中,属弱~中等透水层,主要受大气降水及地下水径流侧向补给,水量较贫乏。

6.1.3　预制拼装格构梁设计

6.1.3.1　边坡安全等级

拟治理边坡为岩土质混合边坡。根据《建筑边坡工程技术规范》(GB 50330—2013),结合边坡现状情况,确定边坡安全等级为三级,稳定安全系数取 1.25,边坡正常使用年限为50 年。

6.1.3.2　边坡设计参数

设计参数见表 6-1。

设 计 参 数　　　　　　　　　　　　　　　　　　　　　　　　表 6-1

岩土名称	天然重度 (kN/m³)	饱和重度 (kN/m³)	黏聚力 (kPa)		内摩擦角 (°)		土对挡土墙基底摩擦系数	岩土体与锚固体极限黏结强度标准值(kPa)	承载力特征值 (kPa)
			天然	饱和	天然	饱和			
杂填土	18.8	19.5	15	11	8	6	0.20	35	90
强风化花岗岩	21.0	22.0	36	33	13	10	0.45	200	600
中风化花岗岩	24.0	25.0	—	—	等效内摩擦角 55~60		0.55	600	2500
微风化花岗岩	—	—	—	—	等效内摩擦角 80~85		—	—	6000

6.1.3.3　设计原则

本边坡的治理设计本着以下原则进行:
①遵循"安全、可靠、长效、美观、环保"的总原则。
②实施后,保护主体工程在有效使用期内安全有效运行。
③因地制宜,确定适宜的治理方案,尽量节省工程费用。
④在现有的技术条件下,防治工程应做到技术成熟、施工可行、安全可靠和经济合理。

6.1.3.4　加固方案

根据地质勘察报告,结合场地范围及边坡冲刷现状,对边坡进行安全稳定性分析计算,采用新型预制拼装混凝土格构锚固技术进行支护。

1)锚杆设计
锚杆格构梁结构设计图见图 6-3,布置图见图 6-4。

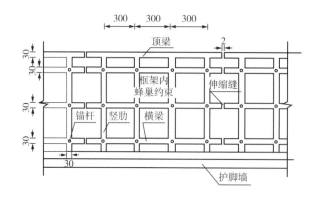

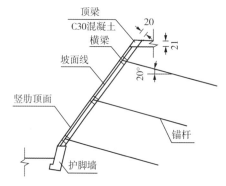

图 6-3 锚杆格构梁结构设计图(尺寸单位:cm)

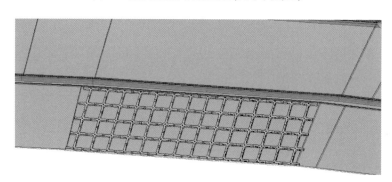

图 6-4 锚杆格构梁布置图

新型预制拼装混凝土格构锚固技术采用带锚固板钢筋连接方法,在锚杆钢筋的端部安装锚固板,增强锚杆钢筋与格构梁的锚固力(图 6-5)。钢筋锚固板主要由锚固板和钢筋组成,锚固板与钢筋采用螺纹钢连接。锚固板是设置于钢筋顶部用于锚固钢筋的承压板,分为部分锚固板和全锚固板。本方案采用的是方形等厚部分锚固板,即依靠锚固长度范围内钢筋与混凝土的黏结作用和锚固板承压面的承压作用共同承担钢筋锚固力。

2)锚杆与格构之间的连接设计与验算

根据第 2 章的介绍方法,进行锚杆与格构之间的连接设计与验算,具体包括:锚固长度计算、锚固板荷载计算、锚固板下混凝土局部承压验算、锚固板验算。锚杆锚固构造图如图 6-6 所示。

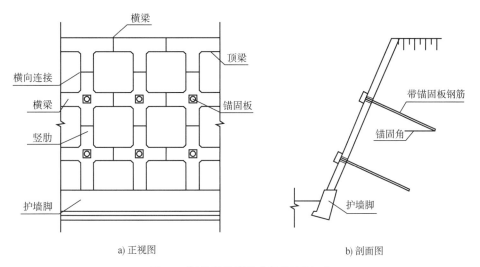

a) 正视图　　　　　　　b) 剖面图

图 6-5　带锚固板钢筋格构梁的结构组成

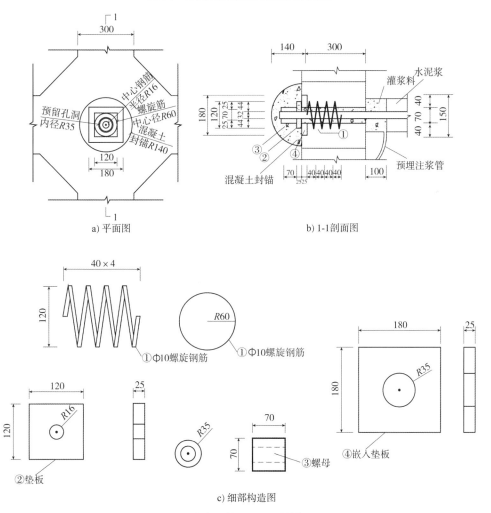

a) 平面图　　　　　　　b) 1-1剖面图

c) 细部构造图

图 6-6　锚杆锚固构造图(尺寸单位:mm)

3）格构之间的连接设计与验算

按照第 2 章介绍的方法,进行构件之间的连接设计与验算,具体包括:锚固长度计算、承载力验算。现浇接口设计图纸如图 6-7 所示。

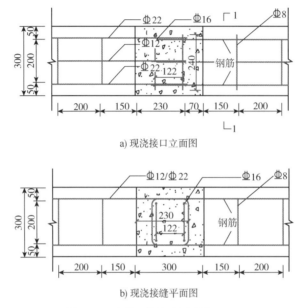

a) 现浇接口立面图

b) 现浇接缝平面图

图 6-7　现浇接口设计(尺寸单位:mm)

6.1.4　预制拼装格构梁制造与施工

6.1.4.1　格构梁工厂预制

1）绑扎钢筋

利用预制厂原有的台座作为格构梁预制台座。按照钢筋设计图绑扎钢筋笼钢筋(图 6-8)。下料时先核对钢筋种类、直径、尺寸、数量,计算下料长度,然后将其截断,在弯筋机的平台上弯制钢筋,通过平台定位线控制弯制钢筋形状和尺寸,之后再绑扎纵梁和横梁中的主筋和箍筋,形成 T 字格构梁钢筋笼和十字格构梁钢筋笼。

图 6-8　绑扎钢筋

2）安装钢模板和预埋件

根据 T 字格构梁和十字格构梁构造图，设计预制构件模板，按模板设计图纸制作、安装钢模板（图 6-9）。T 字格构梁和十字格构梁的端模板需要预留孔洞，以便伸出接缝处的环形钢筋。

图 6-9　安装钢模板

将钢筋笼安装在钢模板中，再安装端模板，而后用胶带将其端模孔洞封闭密实。清洁钢模板内表面，并涂刷脱模剂。在钢筋笼的最外侧钢筋与钢模板间通过设置保护层垫块预留净保护层。

在横梁、纵梁交叉点处预留穿入锚杆的孔道，在其上表面预埋锚杆锚具的垫板（图 6-10），通过焊接短钢筋将其与钢筋笼固定。

图 6-10　安装预埋件

3）浇筑预制格构梁混凝土

检查 T 字格构梁和十字格构梁的模板接缝、拉杆螺栓、模板连接螺栓，确保模板安装牢固。浇筑预制格构梁混凝土（图 6-11），均匀连续地下料，使用振动台进行振捣。混凝土浇筑工作一旦开始，中间不能中断。在混凝土预制构件水平高度处，对所浇筑的混凝土表面进行抹面、找平和抹光处理。

图 6-11　浇筑混凝土

4）预制混凝土养护

进行 T 字格构梁和十字格构梁养护（图 6-12）。蒸汽养护是缩短养护时间的方法之一，一般宜用 65℃左右的温度蒸养。混凝土在较高湿度和温度条件下，可迅速达到要求的强度。

图 6-12　养护混凝土

6.1.4.2　边坡锚杆施工

1）坡面清理

既有边坡采用浆砌片石护坡，由于常年未修整，坡面堆积许多杂物。人工清除坡面和边坡四周杂草、植被与浮土（图 6-13）。分类堆放清除的杂草、植被、浮土，及时用弃运车运送指定弃土场，严禁随意堆放、丢弃。

图 6-13　坡面清理

2）坡脚基础开挖及垫层施工

安装格构梁前应测放出格构梁的纵梁位置、横梁位置、施工作业起始范围,经监理工程师验收后方可开挖格构梁沟槽。人工开挖格构梁下部基槽,基槽深 300mm,用水泥砂浆做垫层。垫层与坡面成一定角度,垫层面在同一平面,吊装底梁后快速填充混凝土,保证底梁与垫层接触密切,不得出现空隙,垫层厚度为 20mm(图 6-14)。

图 6-14　施工基础梁垫层

3）边坡格构梁孔位放线

根据施工图纸和坡脚基准线进行定位放线,确定锚杆孔中心位置和高程,测量顺序由坡顶线向坡脚。根据不同预制格构梁的尺寸,用全站仪和水准仪确定其孔位,每一孔位均以前一孔位为基础进行测定,并用第一孔位进行复核,测量精度应满足三等水准测量标准,测定的孔位应用油漆做标记。孔位放线定位后,应进行孔位复核,孔位偏差不大于 20mm。

4）脚手架搭设

脚手架应足以承受钻孔机械设备荷载、冲击力、振动力及操作人员荷载等。脚手架搭设过程应严格按规范进行(图 6-15)。脚手架底部应置于稳定的基础上,脚手架立柱底端设置垫板或混凝土垫块,采用扣件连接件紧贴坡面双排搭设,作业平台宽度约 2.0m。双排脚手架纵、横向均应设置扫地杆,扫地杆距地 200~300mm。上部采用剪刀撑及短横杆加以固定,确保脚手架整体稳定,立杆和横向连系杆间距不超过 2.5m。施工中不得超载,不得在模板上集中堆放物料。作业平台必须在脚手架宽度范围内铺满、铺稳。搭设完成后自检,确认合格后报监理工程师验收,验收合格后方可进行施工作业。

图 6-15　搭设脚手架

5）钻孔

锚杆锚孔测量定位后,在脚手架平台上安装钻机,根据坡面孔位调整钻机位置及下倾角度。钻孔应采用风动干钻钻进(图 6-16),严禁冲水钻进。钻孔与水平面的夹角应符合设计倾角,锚孔的孔斜度偏差不超过±2°。钻进过程中应依据遇到的岩土层选择合适的钻进机具,土质地层采用螺旋钻,岩石地层采用冲击钻,在破碎岩层或松散易塌孔地层中钻进应采用跟管钻技术。

图 6-16　锚杆钻孔

钻孔纵横误差不得超过±5cm,高程误差不得超过±10cm。施工过程中做好现场施工记录。钻孔应超钻 50cm 作为孔底沉渣段。钻进达到设计深度后不能立即停钻,要求稳钻 1~2min,防止孔底塌孔变形。钻孔完成后,应使用高压空气清孔,风压力 0.2~0.4MPa,清除孔内岩粉及水体,清孔顺序自上而下。清孔完成后,应暂时封堵孔口,避免碎屑杂物进入边坡锚孔内。

6)在孔洞内植入锚杆

锚杆所用钢筋符合现行《钢筋混凝土用钢热轧带肋钢筋》(GB 1499)和设计规定,具有生产厂的合格证,并经复试合格。钢筋不得有锈蚀、裂纹、断伤和刻痕。锚杆下料要满足孔内设计长度和锚固安装长度要求。

锚杆在钢筋加工棚制内制作加工,采用砂轮机切割下料。安装前一端应按设计要求车丝,长度不小于7mm。对车丝段采取保护措施直至锚固螺栓安装。采用自卸车将加工好的锚杆运至施工现场,锚杆放置在成品架上,并对每根锚杆进行编号,与锚杆孔编号相对应。安装锚杆前检查边坡锚孔是否完好,若有塌孔、掉块,先行清理或处理。再次认真核对锚孔编号,确定无误后再次用高压风清孔。锚杆入孔(图6-17)时不得转动,应用力均匀。锚杆安装后进行防锈处理和保护。

图6-17 植入锚杆

7)坡面坐浆处理

锚杆施工后,清理坡面和槽底碎石、杂土。根据孔位和设计格构梁位置,测量、放出纵梁、横梁中线位置,并拉出各条纵、横梁中心位置平线。根据各条纵、横梁中心位置平线,沿着坡面用水泥砂浆抹面整平(图6-18),宽度300mm。

图6-18 坡面坐浆整平

6.1.4.3 预制格构梁运输与吊装

1）运输

运输前,应了解运输路线道路交通情况,根据施工进度安排和天气状况确定运输时间和路线。预制格构梁养护达到设计强度后,方可从养护区转运到现场堆码区进行堆码。装卸构件时,应采取措施保证车体平衡。T字格构梁和十字格构梁应分类运输(图 6-19)。若构件在运输车上叠放 4 层,构件与运输架之间接触面应设置减振和防止摩擦的橡胶垫,以免预制构件受损。用绳索固定预制构件,防止运输过程中预制构件发生滑移,对伸出钢筋和接头采取保护措施。车辆运输时,启动缓慢,车速均匀,拐弯变道时要减速,以防构件发生倾覆。

图 6-19　构件运输

2）预制格构梁安装前准备

填筑吊机作业平台,用沙袋满筑沟槽,长度超出吊机长度 2m,预埋 DN400 的 HDPE 排水管,其上满铺钢板,应足以承受吊车吊运全部荷载。起重吊运过程中,为防止吊物冲击、摇摆、跨越作业区,必须根据作业区的具体条件来选择安全位置,以有效预防起重伤害。

3）预制格构梁起吊、就位

预制格构梁吊装(图 6-20)采用不小于 25t 汽车式起重机,每块构件设置 3 个吊点。吊点采用吊钉形式,用鸭嘴吊扣钢丝绳与吊钉连接。吊绳与构件角度不小于 45°。起吊至距地面 500mm,检查构件外观质量和吊钉连接无误后方可继续起吊;预制格构梁应采用双钩起吊,确保预制格构梁与坡面平行。起吊应匀速缓慢,吊至临近坡面 600mm 左右时,施工人员应使用 2 根绳索,用搭钩钩住构件,牵引构件就位,缓慢下降至坡面,防止构件发生摆动而碰撞破坏;而后按由下而上的吊装顺序,先安装 T 形底梁,连接牢固,然后安装上层格构梁,使 T 字格构梁和十字格构梁梁体单元与坡面能紧密贴合至边坡坡面设定的位置。每块格构梁吊装就位后,调整湿接头长度为 300mm,并确保每块格构梁横平竖直。每块预制格构梁调整就位后,立即施加竖向临时支撑。构件未安装支撑时严禁摘除吊绳。

图 6-20　构件吊装施工

在预制格构梁吊装就位后,采用直径不小于 20mm 的 HRB400 螺纹钢筋,在横向和竖向连接结点与主筋焊接作为临时支撑。焊接临时支撑后,应进行检查,合格后方可安装下一块预制构件(图 6-21)。

图 6-21　安装预制构件

6.1.4.4　湿接缝连接施工

1)钢筋绑扎与模板安装

将箍筋预先套在已吊装完成的格构梁上,待相邻的格构梁吊装完成后,调整箍筋位置,使其按设计图纸分布。横向湿接缝模板安装在预制构件表面部位和底部,竖向湿接缝模板安装在预制构件两侧,模板与预制构件齐平并绑扎锚固(图 6-22)。在两预制构件间的湿接缝两侧安装侧模,使模板紧贴预制构件两侧,用水泥浆填充模板与边坡之间的缝隙,使预制构件连成一体。模板表面应清洁干净,并涂脱模剂。

图 6-22　湿接段绑扎钢筋及安装模板

2）混凝土浇筑

沿着钢筋密集处缓慢灌注混凝土（图 6-23），灌注的混凝土等级应比预制的混凝土等级高一级。采用 C35 微膨胀细石商品混凝土。用振捣棒将混凝土振捣密实，振捣时不应接触模板。第一次振捣后应及时添加混凝土，再进行二次振捣，振捣后收浆抹平，抹平后保持接头湿润，覆盖养护时间不少于 24h。拆模后对缺陷进行修补并用薄膜布覆盖养护，养护时间不少于 3d。

图 6-23　湿接段混凝土浇筑

3）混凝土养护

湿接缝采用薄膜布养护，用薄膜布把混凝土表面敞露的部分全部严密地覆盖起来，保证混凝土在不失水的情况下得到充足的养护（图 6-24）。这种养护方法的优点是不必浇水，操作方便，能重复使用，提高混凝土的早期强度，加速模板的周转。应注意保持薄膜布内有凝结水。

图 6-24　湿接段混凝土养护

6.1.4.5　锚杆锚头施工

在锚杆锚头施工前,要先进行预安装,保证锚杆与预制构件表面垂直,以便锚头顺利安装。在每个预制十字格构体单元的锚固孔内插入注浆管进行孔道压浆;注浆分为两次,第一次为常压注浆,第二次注浆压力不少于 2.0MPa,注浆至预制构件表面,顶部设置锚固板。在预制十字格构梁上的露出锚头安装垫板,再在锚杆头使用螺母锁紧,对拧紧后的锚头进行防锈处理,最后在垫板、锚杆和螺母处填充封锚混凝土进行保护(图 6-25)。

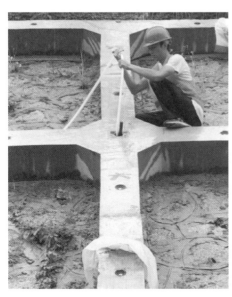

图 6-25　封锚

6.1.4.6　伸缩缝施工

每 12~24m 设置 1 条伸缩缝,在两个边缘构件旁放置橡胶垫片,满足伸缩、沉降的要求。

6.1.4.7　场地清理

构件封锚后,清理构件表面砂浆、混凝土等杂物等(图 6-26)。

图 6-26　场地清理

6.1.5　边坡智慧监测

6.1.5.1　监测内容

设置边坡监测系统,监测内容为地表位移、外观、雨量。

6.1.5.2　监测断面布置

在边坡上部布置 3 个监测断面,如图 6-27 所示。

图 6-27　测点布置图

6.1.5.3 监测仪器

监测仪器数量与目的见表 6-2。

监测仪器数量与目的　　　　　　表 6-2

监 测 内 容	设 备 数 量	监 测 目 的
地表位移监测	4	监测落石、滑坡、裂缝病害
地表位移监测	3	监测滑坡内部变化
外观监测	1	实时观察边坡外观
雨量监测	1	雨量监测

监测仪器编号与现场照片见表 6-3。

监测仪器编号与现场照片　　　　　　表 6-3

监 测 项 目	设 备 名 称	编 号	现 场 照 片
表面位移	GNSS 主机	GNSS WY1	
	GNSS 主机	GNSS WY2	
	GNSS 主机	GNSS WY3	

监测项目	设备名称	编　　号	现 场 照 片
表面位移	GNSS 主机	GNSS WY4	
相对位移	拉线位移计	LF1	
	拉线位移计	LF2	
	拉线位移计	LF3	

监测项目	设备名称	编　号	现场照片
降雨量监测	雨量计	YL1	
视频监测	视频摄像头	SP1	

测点信息见表 6-4。

测点布点信息表　　　　表 6-4

序号	监测项目	监测传感器	传感器型号	编号	获取参数	布点位置
1.1	地表位移监测	GNSS 接收机	MAS-M300	JD	三维坐标(X、Y、Z)	边坡顶部
1.2	地表位移监测	GNSS 接收机	MAS-M300	WY1	三维坐标(X、Y、Z)	边坡顶部
1.3	地表位移监测	GNSS 接收机	MAS-M300	WY2	三维坐标(X、Y、Z)	边坡顶部
1.4	地表位移监测	GNSS 接收机	MAS-M300	WY3	三维坐标(X、Y、Z)	边坡顶部
2.1	地表位移	拉线位移计	MAS-JM-PW-1000	LF1	一维坐标(X)	边坡坡体
2.2	地表位移	拉线位移计	MAS-JM-PW-1000	LF2	一维坐标(X)	边坡坡体
2.3	地表位移	拉线位移计	MAS-JM-PW-1000	LF3	一维坐标(X)	边坡坡体
3.1	视频监控	摄像头	DS-2DF8225IH-A	SP1	视频图像	边坡底部
4.1	雨量计	雨量计	MAS-YLJ-Z	YL1	雨量	边坡顶部

6.1.5.4　监测数据展示

采集的监测数据见图 6-28~图 6-30。

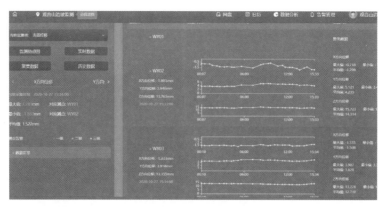

图 6-28　地表位移监测数据

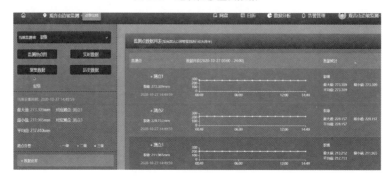

图 6-29　相对位移监测数据

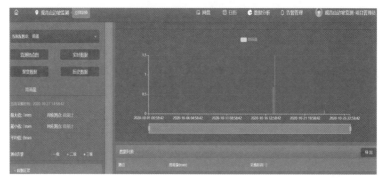

图 6-30　雨量监测数据

截至目前,采用新型预制拼装混凝土格构锚固技术治理后的边坡,所有监测项目均在预警值范围以内,无任何异常。

6.2　案例 2:秀峰路边坡治理试验段

6.2.1　项目基本情况

本工程位于深圳市龙岗区秀峰路(顺威煤气公司)路段。受连续大雨冲刷影响,道路西侧的自然坡体发生 3 处滑塌,总面积约 200m²,体积约 180m³,造成秀峰路交通阻塞,对过往车辆、行人构成威胁,需要紧急治理。

该边坡近南北走向,倾向东,坡角 57°~68°,总长约 194m,坡高 3~12m,平面图见图 6-31。根据踏勘调查情况,坡体主要由残积土和燕山期全~强风化花岗岩组成,坡顶坡脚无序堆积少量填土,属土质边坡。

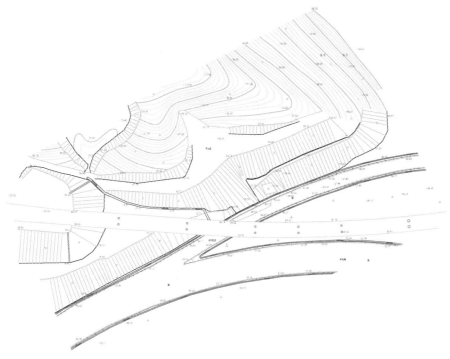

图 6-31 边坡平面图

该边坡安全等级为一级。根据建设单位要求对该危险边坡进行治理,结合场地地质、周边条件,本着安全、经济、适用的原则进行边坡支护的设计。采用新型预制拼装混凝土格构锚杆技术治理该边坡(图 6-32~图 6-34),有利于山体覆绿、美化,并且有布置灵活、格构形式多样、截面调整方便、与坡面密贴、可随坡就势等显著优点。

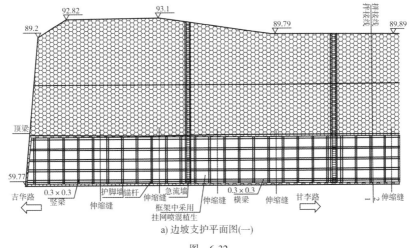

a) 边坡支护平面图(一)

图 6-32

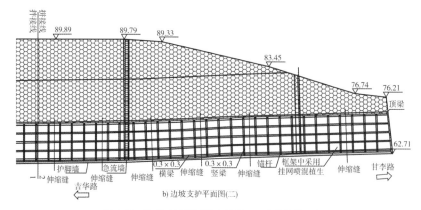

图 6-32　边坡立面图(尺寸单位:m;高程单位:m)

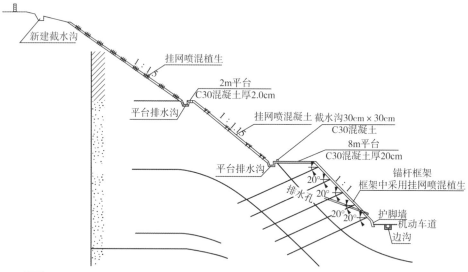

说明:
1.尺寸单位钢筋单位为mm,其他未注明的以m计。
2.当锚杆遇到中~微风化花岗岩层时,锚杆长度以进入岩层3m为准。
3.锚杆钻孔直径150mm,施工前应按规范进行锚杆基本试验。

图 6-33　边坡截面图

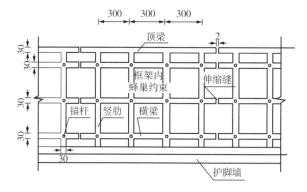

图 6-34　加固后典型坡面正视图(尺寸单位:cm)

锚杆(索)格构梁支护分为主体结构和附属结构。主体结构由锚杆(索)、格构梁及注浆体三部分组成,主要作用是承担坡体下滑力、控制坡体的变形。附属结构对维持坡体的稳定起间接辅助作用,主要是通过保护主体结构免受外界破坏来发挥作用,可以通过在坡体表面格构内种植草本植物达到美化坡体的效果。附属结构对维持主体结构的性能、延长主体结构的使用寿命、改善边坡环境起到重要作用。

6.2.2　加固总体思路

原现浇锚杆格构梁设计(图 6-35)中,锚杆为直径 32mm 的钢筋,抗拔力的设计值为 10kN/m。由于格构梁厚度只有 30cm,锚杆与格构梁的连接的锚固长度不够,故设计中把锚杆钢筋弯折埋入现浇格构梁中,弯折部分的长度为 120cm。在现浇施工时,可直接将弯折的锚杆钢筋预埋在格构梁内,但采用预制拼装的格构梁则无法采用原现浇锚杆格构梁设计方案。

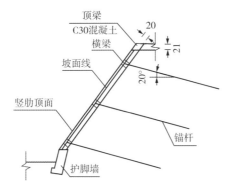

图 6-35　现浇锚杆格构梁结构(尺寸单位:cm)

本方案采用带锚固板钢筋连接方法,在锚杆钢筋的端部安装锚固板(图 6-36),增强锚杆钢筋与格构梁的锚力。钢筋锚固板主要由锚固板和钢筋组成,锚固板与钢筋采用螺纹钢筋连接。锚固板是设置于钢筋顶部、用于锚固钢筋的承压板,分为部分锚固板和全锚固板。本方案采用的是方形等厚部分锚固板,即依靠锚固长度范围内钢筋与混凝土的黏结作用和锚固板承压面的承压作用共同承担钢筋锚固力。

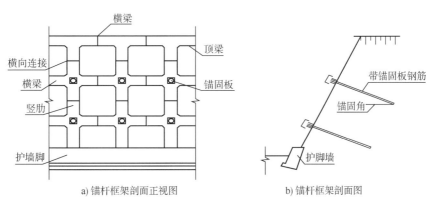

a) 锚杆框架剖面正视图　　　　b) 锚杆框架剖面图

图 6-36　带锚固板锚杆格构梁结构

6.2.3 钢筋灌浆套筒水平连接技术

6.2.3.1 装配化方案

横向连接采用钢筋灌浆套筒水平连接技术,该技术是在左、右构件留凹槽用于移动灌浆套筒,利用灌浆套筒连接两个构件的主筋,在灌浆套筒的注浆口内灌注高强砂浆,高强砂浆从出浆孔流出,当高强砂浆达到设计强度,完成装配式锚杆格构梁横向连接。

6.2.3.2 设计与验算

根据第2章的介绍,开展格构梁接缝抗弯承载力验算、原现浇格构梁承载力计算、装配式格构梁承载力计算。

6.2.3.3 结构构造

经验算后,灌浆套筒结构的构造如图6-37所示。

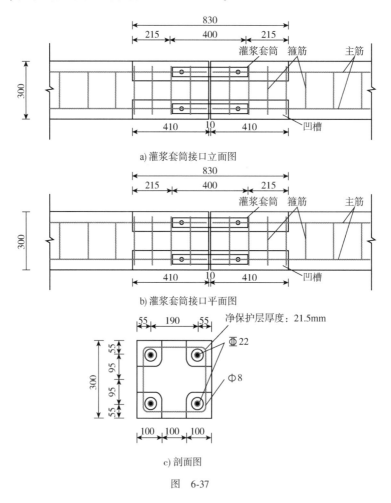

a) 灌浆套筒接口立面图

b) 灌浆套筒接口平面图

c) 剖面图

图 6-37

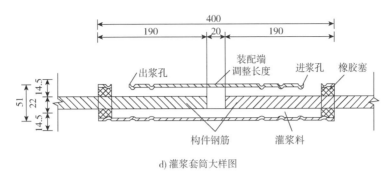

d) 灌浆套筒大样图

图 6-37　灌浆套筒结构(尺寸单位:mm)

6.2.3.4　套筒连接格构梁数值模拟分析

1) 模型建立

将锚点间的套筒连接格构梁简化为简支梁,锚固点即为支座位置,土压力以均布荷载的形式施加在梁顶面,分析该套筒连接格构梁结构受力随外加荷载变化的规律与破坏机理。为快速分析起见,考虑到结构具有对称性,取 1/4 结构进行分析,2 个对称面采用对称约束,见图 6-38。

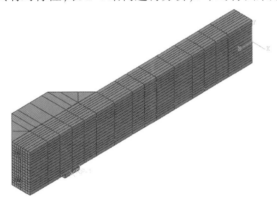

图 6-38　几何结构

混凝土格构梁、锚头垫块、灌浆浆体,主筋采用实体单元 C3D8R,箍筋采用桁架单元 T3D2(图 6-39),以上单元的特征长度为 20mm。套筒(图 6-40)采用壳单元 S4R,为了不出现沙漏化的现象,单元特征长度为 10mm。主筋在套筒中的锚固长度为 180mm。

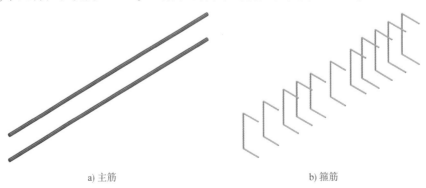

a) 主筋　　　　　　　　　　　　　　　　b) 箍筋

图 6-39　钢筋模拟

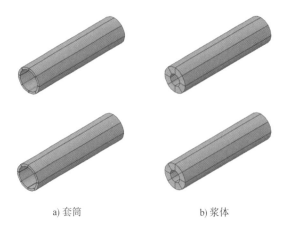

a) 套筒   b) 浆体

图 6-40   灌浆套筒模拟

浆体与套筒内壁、套筒外壁与外层混凝土采用绑定(Tie)约束;箍筋起约束混凝土的作用,嵌入(Embed)混凝土中;钢筋与混凝土之间为考虑黏结滑移的摩擦接触。

为简化分析,但不失安全性,将两个锚点的梁段作为简支梁进行分析,锚点 U1、U2、U3、UR2、UR3 方向设置为固结,仅在弯矩作用面内可以自由旋转,即不限制 UR2 的自由度,以模拟实际格构梁的结构形态。锚点处垫块刚度大,主要起固定作用,所以对垫块实施刚体约束。垫块顶面与梁底以绑定约束连接。

梁顶所受上部荷载为均布荷载,荷载面积为锚点之间的矩形,宽度为梁宽。根据初步结构分析,施加荷载为 0.4MPa,按力控制加载方式,均布荷载从 0 线性增大到 0.4MPa,以便所有构件都屈服,荷载的方向为 y 轴负向,方向不随旋转改变,见图 6-41。

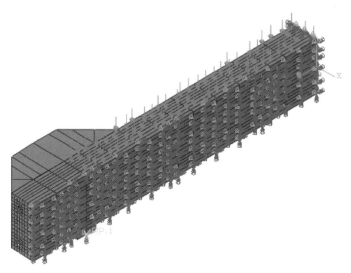

图 6-41   荷载及边界条件

2)荷载-位移曲线

根据位移增长的特征,图 6-42 中的荷载-位移曲线分为 3 个阶段:

①0A 阶段,位移增长缓慢,与荷载关系为线性,此阶段为混凝土和钢筋协调变形阶段,混

凝土受拉但尚未开裂,压区混凝土未压碎。

②AB 阶段,位移增长开始加速,但斜率仍然很小,与荷载关系变为非线性,此阶段拉区混凝土扩展到主筋位置,压区混凝土开始压碎,荷载开始由主筋及套筒承担。

③BC 阶段,位移增长加速剧烈,主筋在 B 点开始屈服,最危险截面的混凝土已破坏完毕,形成塑性铰,塑性区开始在梁的纵向扩大。

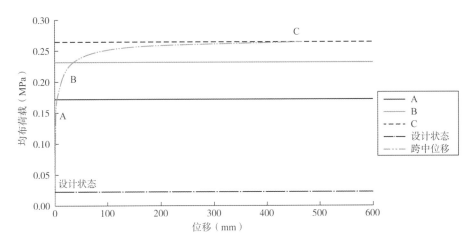

图 6-42　跨中位移随荷载变化曲线

竖向位移云图见图 6-43。

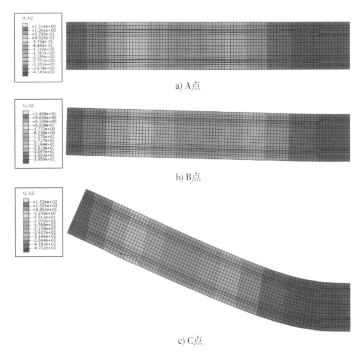

图 6-43　竖向位移云图

3）设计状态

由前几节计算可知,设计荷载为 $q = 4.8 \times 1.4 / 300 = 0.0224\text{MPa}$,在荷载–位移曲线图中属于 OA 阶段,即在弹性范围内,其位移 $u = 0.0141\text{mm}$,此阶段所有构件都处于弹性阶段,混凝土尚未损伤。该阶段的受力信息见表 6-5,应力情况见图 6-44。

设计状态受力信息   表 6-5

荷载（MPa）	主筋应力（MPa）	套筒应力（MPa）	跨中位移（mm）	主筋拔出（mm）
0.0224	0.00286	0.233	0.0141	0

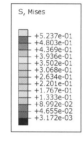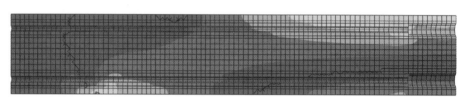

a) 混凝土应力云图

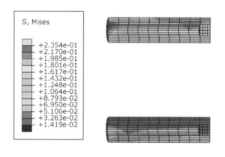

b) 灌浆浆体应力云图

图 6-44　设计状态应力情况

4）破坏状态

破坏状态即图 6-42 中的 C 点,混凝土损伤达到最大范围,而主筋及套筒在 B 点发生屈服,即稍早于破坏状态屈服,各构件应力开始重分布。破坏状态的受力信息见表 6-6,应力情况见图 6-45。

破坏状态受力信息   表 6-6

荷载（MPa）	主筋应力（MPa）	套筒应力（MPa）	跨中位移（mm）	主筋拔出（mm）
0.26	435.36	417.98	466.80	0.47

5）主筋拔出分析

主筋拔出长度随荷载变化曲线见图 6-46。以上分析可以看出,在峰荷载达到 0.26MPa 前,也就是 C 点之前,拔出量接近于 0,说明设置的锚固长度是安全的,不会提前破坏。在达到峰值荷载后,由于混凝土被压碎,跨中位移急剧增大,主筋开始拔出,但拔出的长度十分有限(图 6-47)。各阶段受力情况总结见表 6-7。

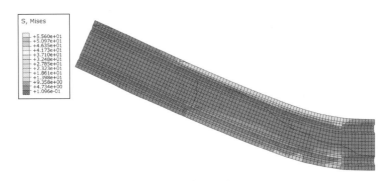

a) 混凝土应力云图

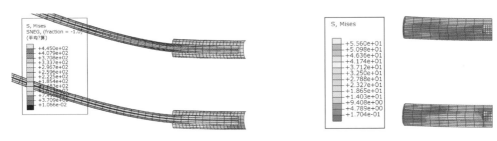

b) 主筋及套筒应力云图　　　　　　　　c) 灌浆浆体应力云图

图 6-45　破坏状态应力情况

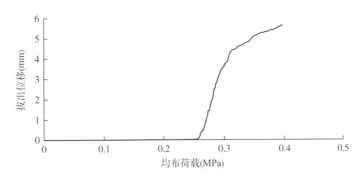

图 6-46　主筋拔出长度随荷载变化曲线

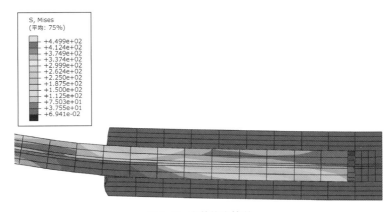

图 6-47　主筋拔出情况

表 6-7
各阶段受力情况总结

均布荷载（MPa）	主筋（MPa）	套筒应力（MPa）	跨中位移（mm）	主筋拔出（mm）
0.17	42.76	35.90	4.14	0.01
0.23	400.81	78.56	35.56	0.01
0.26	435.36	417.98	466.80	0.47

6）结论

①在设计荷载状态下，混凝土、钢筋、套筒都处于弹性状态，跨中位移为0.0141mm，主筋在套筒中未拔出，受力状态良好。

②在承载能力极限状态下，主筋与套筒截面变化处，主筋屈服时混凝土压碎，充分利用了主筋和混凝土两者的性能，属于适筋梁。主筋在套筒中拔出0.01mm，可以忽略。跨中位移为35.56mm。承载能力极限状态与设计荷载状态之间的安全裕度系数为10.34，有足够的余量可充分保证结构的安全。

③在主筋与套筒截面变化处会产生应力集中，是由于此截面两侧的刚度不同。在有套筒一侧，由于浆体和套筒的存在，刚度大大增加，所以此截面混凝土先于跨中截面发生损伤。

④在主筋锚固长度较长，即套筒较长的情况下，主筋和套筒锚固良好；在峰值点附近，主筋先于套筒屈服，说明套筒的壁厚足够；在主筋和套筒屈服前，主筋几乎不会拔出套筒，所以锚固长度足够。

6.2.4　预制拼装锚杆格构梁施工

6.2.4.1　模具改造

灌浆套筒连接格构梁模具直接利用现浇锚杆格构梁模具，因两种不同连接方式的模具在端头不一致，需根据灌浆套筒连接的格构梁尺寸变化对湿接缝连接格构梁模具进行改造（图6-48）。为方便施工，采用木模将模具加长145mm，采用螺栓将木模与原模具连接固定。

图　6-48

图 6-48　模具制作

在预留锚杆处,采用高 25cm、直径 150mm 的 PVC(聚氯乙烯)圆管以及边长 300mm 的正方形截面木盒模拟预留孔位(图 6-49)。

图 6-49　模具预留孔位

灌浆套筒连接格构梁的预制台座仍可利用之前的湿接缝连接格构梁预制台座。

6.2.4.2　模具安装与钢筋绑扎

1)清理、固定模具

清理模具上的水泥块、灰尘。根据承台上的卡槽对好模具的位置,固定模具。再次清理模具(图 6-50)。

图 6-50　清理模具

2）清洗模具、涂抹脱模油

清洁钢模板内表面以及模台,对模台、模具、灌浆套筒端部涂抹脱模剂(图6-51)。

图6-51　涂抹脱模油

3）绑扎钢筋

根据十字格构梁设计图纸提供的钢筋数量表,核对下料的钢筋种类、直径、尺寸、数量。在受力主筋上测量、标记箍筋位置。按照格构梁钢筋构造图绑扎钢筋,先绑扎上部钢筋,再绑扎下部钢筋,然后绑扎中排主筋,最后绑扎箍筋(图6-52)。

图6-52　绑扎钢筋

6.2.4.3　安装预留凹槽模具

1）采用木模预留凹槽

先将打有孔的木方块塞入上下排主筋中,然后将端部箍筋放入木模凹槽中,接着将木模与箍筋一同套入主筋中,用气钉枪将木方块与带凹槽的木模固定在一起。4个凹槽的木模都固定好之后,用泡沫块填充木模空隙,如图6-53。

图6-53　木模制作

由于采用木模预留灌浆套筒凹槽只采用了两块木板,钢筋笼吊入模具后预留凹槽处的模具与钢模板间存在空隙。为避免预留凹槽处浇筑时漏浆,在钢筋笼吊入模具里面之前,应分别在端部模台垫上泡沫板防止漏浆,再将钢筋笼吊入。再分别在各端部凹槽位置侧面、顶面粘泡沫板,用泡沫板封住凹槽,防止凹槽位置漏浆,如图6-54所示。

图 6-54 灌浆

2)采用泡沫预留凹槽

用泡沫包裹主筋端部,同时套上箍筋。用泡沫切割刀将泡沫块切割成凹槽的尺寸,再切割出主筋与箍筋对应的孔槽,先塞入放在箍筋边的泡沫板,再放入另一边的泡沫板,用胶带将两边的泡沫板包裹起来,形成预留凹槽(图6-55)。包裹时应避免泡沫板间出现孔隙导致浇捣时预留槽位灌入混凝土浆料。

图 6-55 预留凹槽

3)校准位置

制作模板和绑扎钢筋后应进一步校准位置(图6-56)。

图 6-56 校准与检查

4)安装锚杆预留孔模具及吊具

吊入钢筋笼之后,在锚杆预留孔处先放入直径为150mm的PVC圆管,再放入一块泡沫板防止漏浆,最后放上木模预留方孔,用模具拉结杆固定住,如图6-57和图6-58所示。

图6-57 预留吊具

图6-58 预留孔模具

分别在格构梁四边安装吊具(图6-59)。

图6-59 安装吊具

6.2.4.4 混凝土浇筑与养护

1）混凝土浇筑

检查格构梁的模板接缝、拉杆螺栓、模板连接螺栓,确保模板安装牢固。

浇筑混凝土时,均匀、连续地下料,将混凝土从料槽装入模具内,然后用振动棒振捣混凝土,直至混凝土中的气泡完全散尽,混凝土停止下沉,表面出现平坦、泛浆为止。混凝土浇筑工作一旦开始,中间不能中断。如果混凝土低于模具,人工填加,继续上述工作。

最后,用灰刀平整混凝土表面,在混凝土预制构件水平高度处对所浇筑的混凝土表面进行抹面、找平和抹光处理,如图 6-60 所示。

图 6-60 混凝土浇筑

2）养护与模具拆除

浇筑完成 24h 后,拆除模板。先拆除端部木模,再拆开钢模板,最后拆除锚杆预留孔模板及端部预留凹槽,在接缝位置做粗糙面。浇筑完成后,要养护混凝土十字格构梁。蒸汽养护是缩短养护时间的方法之一,一般宜用 65℃ 左右的温度蒸养,混凝土在较高湿度和温度条件下,可迅速达到要求的强度。养护与模具拆除见图 6-61。

6.2.4.5 格构梁预拼装

1）工艺流程

格构梁预拼装的工艺流程为:格构梁编号、按顺序放置→清理预拼装场地→布置预拼装场地,放置并固定带编号锚杆→格构梁连接端凹槽安装灌浆套筒→吊装格构梁到对应位置→

灌浆套筒连接格构梁→检查验收、清理现场(录像存档)。

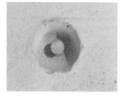

图 6-61　养护与模具拆除

2)预制格构梁安装前准备

①给格构梁试件编号(图 6-62),确定各格构梁的摆放位置,连接端头。将编好号的格构梁按顺序放置在预拼装场地一侧。

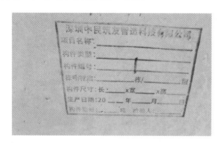

图 6-62　编号

②清理预拼装场地(图 6-63),在地面上用卷尺测量并标记出拼接时 4 个格构梁锚杆所处的位置,在标记位置上放置带编号的锚杆,并用玻璃胶固定。锚杆的编号与格构梁的编号一一对应,如一号格构梁吊装到一号锚杆位置处。

图 6-63　清理场地

③在每个锚杆位置两侧各放上一根相同高度的木条(图 6-64),防止吊装时格构梁损坏。

图 6-64　上车安装木条

④向吊装工人介绍格构梁吊装流程,指导工人安装,确保其清楚施工工艺流程,防止出现意外情况。

⑤检查格构梁灌浆套筒预留凹槽处箍筋是否出现变形,确保预拼装时不会出现灌浆套筒卡位的情况。

3) 预制格构梁起吊、就位、连接

①放置灌浆套筒。按顺序给格构梁连接端的灌浆套筒预留凹槽安装全灌浆套筒。注意要保证灌浆套筒处于可动的状态,不出现卡位的情况。

②预制格构梁起吊、就位(图 6-65)。将连接端已安装灌浆套筒的格构梁吊装到对应锚杆的位置。每个格构梁都采用 4 点吊装,吊点采用吊钉形式,用鸭嘴吊扣钢丝绳与吊钉连接,吊绳与构件角度不小于 45°。确保格构梁与锚杆编号一一对应,连接端在指定连接位置。

图 6-65　预制格构梁起吊、就位

③安装灌浆套筒(图6-66)。检查格构梁连接端间隙是否符合要求,确保无误后拧动灌浆套筒连接格构梁。将灌浆套筒从一端格构梁凹槽慢慢拧转一半长度到连接端另一个格构梁主筋上,拧转完成后拧上灌浆套筒中间的螺栓,并确保灌浆套筒注浆孔与出浆孔方向朝上。

图6-66 安装套管

④连接灌浆套筒,按编号顺序一次完成灌浆套筒的连接工作(图6-67)。

图6-67 连接套管

⑤检查验收格构梁连接工作,清理现场。

参 考 文 献

[1] 程良奎.岩土工程中的锚固技术(三)——岩土锚固的若干力学问题(上)[J].工业建筑,1993(3):53-54.

[2] FUJITA K,UEDA K,KUSABUKA V.A method to predict the load displacement relationship of ground anchors[J].Revue Française de Géotechnique,numéro spécial,1978(3):58-62.

[3] 张乐文,汪稔.岩土锚固理论研究之现状[J].岩土力学,2002(05):627-631.

[4] T H 汉纳.锚固技术在岩土工程中的应用[M].北京:中国建筑工业出版社,1986.

[5] 张季如,唐保付.锚杆荷载传递机理分析的双曲函数模型[J].岩土工程学报,2002(02):188-192.

[6] 何满潮,袁和生,靖洪文.中国煤矿锚杆支护理论与实践[M].北京:科学出版社,2004:54-57.

[7] 闫莫明,徐祯祥,苏自约.岩土锚固技术手册[M].北京:人民交通出版社,2004.

[8] 张选利.柔性注压锚杆锚固特性研究[D].阜新:辽宁工程技术大学,2010.

[9] 麦倜曾,张玉军.锚固岩体力学性质的研究[J].工程力学,1987(01):106-116.

[10] 邹志晖,汪志林.锚杆在不同岩体中的工作机理[J].岩土工程学报,1993,15(6):71-79.

[11] 钟新谷,徐虎.全长锚固锚杆的横向作用研究[J].岩土工程学报,1997(01):96-100.

[12] 李术才,陈卫忠,朱维申,等.加锚节理岩体裂纹扩展失稳的突变模型研究[J].岩石力学与工程学报,2003,22(10):1661-1666.

[13] 郭映龙,叶金汉.节理岩体锚固效应研究[J].水利水电技术,1992(07):41-44.

[14] 朱杰兵,韩军,程良奎,等.三峡永久船闸预应力锚索加固对周边岩体力学性状影响的研究[J].岩石力学与工程学报,2002,6(21):853-857.

[15] 住房和城乡建设部.建筑边坡工程技术规范:GB 50330—2012[S].北京:中国建筑工业出版社,2013.

[16] 日本 VSL 锚固协会.VSL 锚固施工法设计施工规范[S].1994.

[17] 王小军.裂土堑坡预应力锚杆框架护坡的框箍作用[J].路基工程,1993(01):6-11.

[18] 马迎娟.预应力锚索格构梁复合结构的模型试验研究[D].成都理工大学,2005.

[19] 刘晶晶,赵其华,彭社琴,等.预应力锚索格构梁作用下边坡土中应力分布的室内模型试验研究[J].水文地质工程地质,2006(04):9-12.

[20] 杨雪莲,周永江,何思明.框架预应力锚索在滑坡加固中的现场试验研究[J].灾害学,2009(02):37-40.

[21] 向安田.高边坡预应力锚索格梁的承载机理及设计分析研究[D].上海:同济大学,2007.

[22] 李成芳.预应力锚拉桩三维土拱效应研究[D].重庆大学,2012.

[23] 朱宝龙,杨明,胡厚田,等.土质边坡加固中预应力锚索框架内力分布的试验研究[J].岩石力学与工程学报,2005,24(4):697-702.

[24] 朱大鹏,晏鄂川,宋琨.格构梁与边坡岩体相互作用机制及现场试验研究[J].岩石力学与工程学报,2009,28(A01):2947-2953.

[25] 齐明柱.预应力锚索框架结构的现场原型试验研究[D].北京:铁道部科学研究院,2007.

[26] 梁瑶,周德培,赵刚.预应力锚索框架梁支护结构的设计[J].岩石力学与工程学报,2006(02):318-322.

[27] 殷跃平.滑坡钢筋砼格构防治"倒梁法"内力计算研究[J].水文地质工程地质,2005(06):52-56.

[28] OHKI T,IMANO M.A study on slope protection by grand anchor for the Toukai Earthquake[R].Tokyo:Nihon University,2003.

[29] 柏原公二郎,河内俊雄.アンカーを用いた梁のたわみ・応力解析[J].地すべり:日本地すべり学会誌,1998,35(3):34-38.

[30] 李德芳,张友良.边坡加固中预应力锚索地梁内力计算[J].岩土力学,2000,21(2):170-172.

[31] 朱晗迣.破碎岩质边坡锚固技术研究[D].杭州:浙江大学,2005.

[32] 刘小丽.新型桩锚结构设计计算理论研究[D].成都:西南交通大学,2003.

[33] 张玉芳,王春生,张从明.边坡病害及治理工程效果[M].北京:科学出版社,2009.

[34] 王淳罐,黄治峯.边坡生命周期防灾监测信息整合及可视化云平台数据库建置研究[J].岩土工程学报,2020(1):188-194.

[35] 黄建雄.公路边坡养护管理信息系统的开发与研究[D].广州:华南理工大学,2016.

[36] 李红旭,盛谦,张勇慧.山区公路边坡地质灾害数据库及统计分析[J].防灾减灾工程学报,2011(6):675-681.

[37] 李文涛.辽宁省东南地区公路边坡病害数据库建设及危险性评价研究[D].长春:吉林大学,2016.

[38] 周健宝.基于反馈闭环技术的深大基坑自动化监测及预警[D].合肥:合肥工业大学,2020.

[39] 翟文光.运营高速公路边坡养护管理系统开发[D].重庆:重庆交通大学,2017.

作者简介

张爱军

男,山东东营人,高级工程师,注册土木工程师(岩土),博士后,九三学社社员,政协第六届深圳市罗湖区委员会委员。加拿大卡尔加里大学、香港大学、香港城市大学访问学者,清华大学深圳国际研究生院、福州大学校外导师。现任广东省城市道路数字化建造与管养工程技术研究中心主任、深圳市路桥建设集团有限公司副总工程师,另担任中国施工企业管理协会科技专家、中国图学学会建筑信息模型(BIM)专业委员会委员、广东省土木建筑学会地基基础专业委员会委员等多个行业协(学)会职务。参与国家重点研发计划子课题1项,主持广东省重点领域研发计划项目1项、深圳市重大科技攻关项目3项,主(参)编十多本国家、行业及地方标准规范,发表SCI(科学引文索引)和EI(工程索引)收录论文30余篇,出版专著2部,获发明专利及计算机软件著作权数十项。荣获广东省科学技术奖科技进步奖(二等奖)1项、中国建筑设计奖1项、中国建筑学会科技进步奖二等奖2项,以第一完成人身份获中国图学会"龙图杯"全国BIM大赛二等奖1项、中国公路建设行业协会科学技术进步奖三等奖2项、广东省土木建筑协会科技进步奖3项。

向玮

男,湖北松滋人,高级工程师,注册土木工程师(岩土),东南大学岩土工程博士,长期从事岩土工程科研、勘察设计和施工工作。主持完成科研课题6项,参与国家重点研发计划子课题、国家自然科学基金面上项目、广东省重点领域研发计划、深圳市重点技术攻关项目十余项。以第一作者或通讯作者发表论文数十篇,其中EI(工程索引)收录论文8篇,获授权专利8项。获得教育部高等学校科学研究优秀成果奖(科学技术)一等奖1项、中国公路建设行业协会科学技术进步奖三等奖2项、浙江省公路学会科学技术奖二等奖1项、四川省优秀工程勘察设计奖二等奖1项、2018年度全国市政工程建设优秀质量管理小组一等奖1项。

李爱国

男,湖南人,教授级高级工程师,注册土木工程师(岩土),一级注册建造师,广东省勘察设计大师。本科、硕士研究生就读于西安地质学院(现长安大学),博士研究生毕业于香港大学,香港大学及香港理工大学访问学者,同济大学兼职教授。现任深圳市勘察测绘院(集团)有限公司副总经理、总工程师。主持或参与各类岩土工程勘察、设计、治理及监测项目数百项,获国家金奖、行业奖及其他优秀工程奖近百项。在行业协会、学会兼任多职。担任全国注册土木工程师(岩土)命题专家。参编10多部国家、行业及地方标准规范。发表学术论文近70余篇,参编专著2部,获专利及计算机软件著作权数十项。获"深圳市勘察设计行业十佳青年勘察工程师""深圳市勘察设计行业优秀(副)总工程师""广东省土木工程詹天佑故乡杯奖""首届深圳市勘察设计行业杰出工程师(岩土设计)""首届广东省工程勘察设计大师""首届深圳市工程勘察设计功勋大师"等多项荣誉称号。